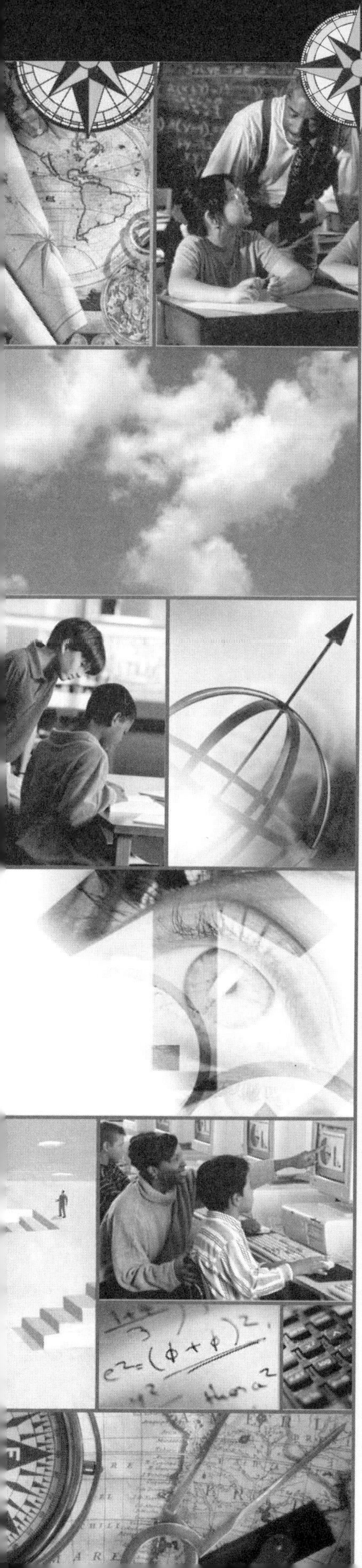

내비게이션 시리즈 1

대수와 함께하는 여행

초등 3-5

미국수학교사협의회 지음

박만구 · 방정숙 · 정인숙 · 정인철 · 주미경 · 채정림 옮김

경문사

옮긴이 머리말

수학교육의 최종 실현은 실제 교육의 현장 교실에 있는 교사와 학생에 의하여 이루어진다고 할 수 있다. 우리나라에도 많은 총론적인 이론서들은 많이 있지만 교사들이 교실 안에서 의미 있게 사용 가능하고 적용 가능한 실제적인 자료는 아직도 매우 부족한 상황이다. 그래서 수학교육에 관심이 있는 초등학교 교사들이나 중등 수학교사들은 실제적인 아이디어나 자료를 얻을 수 있는 연수나 자료를 찾고 있으나 아직도 그들의 요구를 충족할 만큼 체계적인 자료들이 많지 않은 실정이다. 역자들은 그 동안 예비 초등학교 교사나 수학교사를 교육하면서 적절한 자료를 찾던 중 최근에 출판되어 나온 유용한 자료를 알게 되었다.

본 시리즈는 수학에 관심이 있는 교사들에게 익숙한, 2000년에 미국수학교사협의회(NCTM)에서 발행한 《학교수학의 규준과 원리》(Principles and Standards for School Mathematics)에서 제안하고 있는 '수학교육을 위한 원리 및 규준에서의 제안'을 교사들로 하여금 교실에서 활동을 통하여 실현할 수 있도록 구체적이고 실제적인 자료들을 각 영역과 수준별로 나누어서 제시하고 있다. 이 시리즈는 교사들로 하여금 주제별로 적용 가능한 자료들을 제공하고 있는데, 특히 책의 마지막 부분에는 직접 복사하여 사용이 가능한 형태로 학습지를 제공하고 있어 교사들이 유용하게 사용할 수 있을 것이다. 그리고 각 부분마다 보다 깊이 있는 자료를 찾아서 읽어 볼 수 있도록 관련 자료의 출처와 원문을 CD에 실어 교사들이 참고할 수 있도록 하고 있다.

이 책은 크게 3개 장으로 구성되어 있어 초등학교 3학년에서 5학년의 수준에서 적용이 가능한 패턴, 변수와 방정식, 함수와 관련한 활동을 가지고 초등학교 수준에서 대수적인 개념을 지도할 수 있는 자료를 제공하고 있다. 각 활동은 목표, 사전 지식, 자료와 장비, 학급환경, 활동, 평가 아이디어, 그리고 교사들에게 차후의 학습이 어떻게 연결되는지에 대하여 알 수 있도록 안내하는 형식을 취

하고 있다. 그리고 각 활동에서는 다시 도입하기 활동, 탐구하기 활동, 그리고 확장하기 활동 등으로 구성되어 있어 학생들로 하여금 활동을 통하여 주어진 주제에 관련하여 자연스럽고도 점차적으로 개념의 확장을 할 수 있도록 하였다. 그리고 각 페이지의 양쪽에는 한눈에 알 수 있는 아이콘과 함께 《학교수학의 규준과 원리》, 학습지의 위치, 그리고 보다 깊은 관련 연구를 위한 논문 등의 자료를 소개하고 있다.

이 책의 각 장에서는 수학적 모델의 활용과 수학적 상황 및 구조의 표현 · 분석에 관한 요소들을 대수적인 개념과 어떻게 연결시킬 것인가와 관련한 주제를 다루고 있다. 이들 활동들은 학생으로 하여금 대수적 아이디어의 이해를 위해 구체적인 조작물을 가지고 하는 활동, 그림이나 표 또는 그래프의 사용, 말로 표현하는 활동, 그리고 식으로 나타내기 등의 다양한 표현체계를 활용하여 표현하도록 함으로써 이들 다양한 표현 사이에서 나타날 수 있는 상호관계를 통하여 대수적인 사고를 보다 깊게 이해할 수 있도록 하고 있다.

교사들은 지도하고자 하는 학습 주제에 따른 관련 내용을 살펴보고, 적용 가능한 자료를 수업 전에 우리나라의 사정에 맞게 재구성하여 사용할 수도 있을 것이다. 역자들이 원본의 의미를 훼손하지 않는 범위 내에서 용어 등을 번안하려고 노력하였으나 우리나라에서 사용하지 않는 용어들로 인하여 독자들이 보기에 다소 생소하거나 어색함을 느낄 수도 있을 것이다.

원리적인 측면에서 교육과정에서 제안하고 규정하고 있는 어떤 원리나 개념을 지도할 때 특히 초등학교 학생들은 실질적인 수학적 활동을 통하여 중요한 수학내용에 대한 개념적 이해를 발전시킬 수 있는 기회를 가질 필요가 있다. 이를 위해서는 학생들에게 먼저 수학의 본연의 개념에 보다 충실할 수 있는 흥미 있고 수학적으로 의미 있는 활동을 선택하는 것이 무엇보다 중요하다. 또한 동시에 학습하는 내용에 대해 학생 나름의 의미를 부여하도록 도와주는 것이 중요하다. 문제는 해당 개념에 대하여 어떤 자료를 사용하여 어떤 순서로 어떻게 지도를 하느냐가 중요하다.

이 책에 나오는 각 주제들 사이의 상호작용은 대단히 역동적이며 여러 가지 관련 활동들을 통하여 학생들이 점진적으로 대수에 대해 세련되고 깊이 있는 이해를 하도록 하고 있다. 이 책에서 제안하고 있는 다양한 활동과 표현 방법들은 학생들로 하여금 수학적인 아이디어와 표현들을 유기적으로 관련짓게 함으로써 학생들이 수학적 다양성을 인지하게 하고 보다 추상적인 대수의 개념을 이해할 수 있도록 하고 있다.

아무쪼록 이 책이 보다 충실한 수학교육을 위해 오늘도 묵묵히 교실을 지키며 수학 공부에 별 흥미를 느끼지 못하는 학생들을 지도해야 하는 많은 선생님들에게 신선한 아이디어를 제공하는 자료가 될 수 있다면 역자들에게 큰 보람이 될 것이다. 끝으로 이 책이 번역되어 나오기까지 세심하게 편집을 담당해 준 경문사 편집부에게 감사를 드린다.

옮긴이 일동

지은이 머리말

수학은 패턴의 과학이다. 수학적 개념의 풍부한 이해를 위한 학습을 위하여 학생들은 같은 개념이라 하더라도 여러 가지 패턴을 경험하고 또 이를 이용하여 나타내고 설명하면서 수학적인 개념에 대한 이해를 깊게 할 필요가 있다. 여러 가지 패턴을 사용하여 수학을 학습하는 궁극적인 목적 중의 하나는 결국 추상적인 개념을 이해하는데 있다고 할 수 있다. 수학에서 추상적인 개념 표현의 가장 대표적인 형태는 수나 문자를 사용하여 나타내는 형식으로 우리는 이를 흔히 대수라고 한다. 이는 일반적으로 중학교 이상에서 쓰는 용어지만 이 책에서는 낮은 수준에서도 그 수준에 맞는 추상적인 사고를 할 수 있고 이를 대수적인 사고의 한 범주에 넣고 있다.

대수는 역사적으로 볼 때 수학의 가장 중요한 분야로 미국수학교사협의회(NCTM)의 《학교수학을 위한 원리와 규준》(Principles and Standards for School Mathematics)의 가장 주요한 주제 중의 하나이기도 하다. 초등 수준에서의 대수적인 사고는 비교적 최근에 들어서 수학 교육에서 강조되고 있는 것으로 《학교수학을 위한 원리와 규준》에서는 초등학교 저학년에서 고등학교 수준에 이르기까지 다양한 수준에서 각 수준에 맞게 일관되게 강조하고 있다.

이 책은 여러 가지 패턴, 변수와 식의 관계, 함수를 중심으로 이들과의 관계를 통하여 대수적인 사고를 학습하도록 하는데 초점을 두고 있다. 교사들이 이를 효과적으로 지도할 수 있도록 여러 가지 구체적인 활동을 소개하고 이를 통하여 학생들이 대수적인 사고를 자연스럽게 접할 수 있도록 하고 있다. 책에 수록한 '바닥 깔기', '규칙 찾기', '신기한 놀이' 등은 몇 가지 예이다. 각 단위 주제에서 '참여하기' 단계에서는 학생들로 하여금 흥미를 가지고 문제를 처음으로 접할 수 있도록 하고 있고, '탐구하기' 단계에서는 주어진 주제와 관련한 가장 핵심적인 활동의 단계이고, '확장하기' 단계에서는 보다 도전적인 수준의 문제가 필요한 학생들을 위하여 부가적인 사고를 해볼 수 있도록 지도하는데 적절한 아이디어를 제공하고 있다. 이는 교사로 하여금 수업의 자연스런 진행 순서에 따라서 특정 주제를 도입하고, 주요 활동을 하고 보다 도전적인 문제로 활동하도록 하는 단계에 이르기까지 자연스럽게 연계하여 지도할 수 있도록 하고 있다.

이 책에서 강조하고 있는 전체적인 아이디어는 아래 그림과 같이 학생들이 구체물 또는 그림, 언어적 설명, 표, 그래프, 그리고 대수 식 등을 사용하여 대수적인 사고를 여러 가지 표현 수단으로 나타내도록 함으로써 대수적 개념을 보다 정확하게 이해할 수 있도록 하고 있다. 물론 지도의 순서에 있어서는 일반적으로 보다 구체적인 표현 방법에서부터 추상적인 수단으로 진행하도록 하고 있지만 상황에 따라서 보다 추상적인 것을 구체적인 표현으로 나타내도록 할 수도 있다.

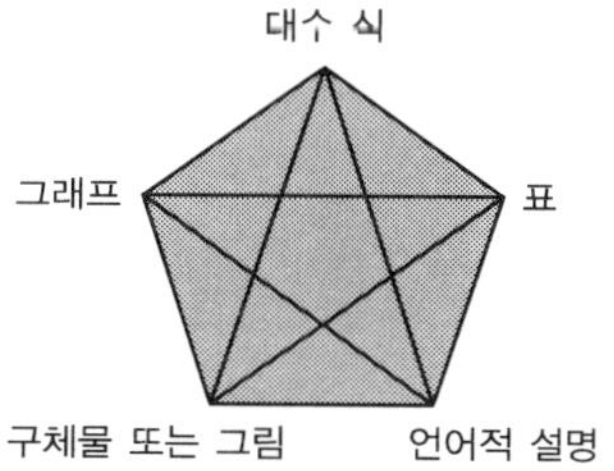

그리고 각 부분에 적절하게 들어가 있는 여러 가지 아이콘들은 이 책을 사용하는 교사들에게 주어진 부분의 내용이 무엇과 관계가 있는 것인지를 바로 알 수 있도록 하고 있다. 아이콘은 크게 3 종류로 아래와 같다.

 NCTM의 《학교수학을 위한 원리와 규준》

 학습활동지

 교사용 학습 활동지(CD-ROM 자료)

이 책은 학생들의 수준과 내용의 영역에 따라서 시리즈로 구성이 되어 있는데 이 시리즈는 NCTM의 《학교수학을 위한 원리와 규준》(Principles and Standards for School Mathematics)에서 제안하고 있는 원리들을 활동으로 구체화하여 교실에서 사용할 수 있도록 소개하고 있는 책이라고 할 수 있다. 각 책에서는 실제적이면서도 교사가 바로 학생들에게 사용할 수 있는 학습지와 함께 더 많은 관련 정보와 활동을 위하여 CD 자료를 제공하고 있다.

본 시리즈는 다양한 활동을 갈구하는 우리나라의 예비교사, 교사, 그리고 수학교육에 관심이 있는 모든 이들에게 교실에서 대수적인 사고를 어떻게 지도할 수 있을 것인지에 대한 구체적인 아이디어를 제공하는 귀중한 자료가 될 것이다.

이 책에 대하여

3–5학년의 대수와 함께 하는 여행(Navigating through Algebra in Grade 3–5)은 4권의 학년별 책 중에서 둘째 번의 책으로 대수와 관련한 몇 가지 근본적인 아이디어가 어떻게 소개되고, 개발되고, 확장되는지를 보여준다. 이 책의 도입은 유치원 전에서부터 12학년까지의 기간에 대수적 추론의 발달에 대한 개관을 보여준다. 도입에 이어지는 3개의 장은 대수의 중요한 아이디어에 초점을 맞춘다. 1장은 패턴을 다루고, 2장은 변수와 방정식을 다루며, 3장은 함수에 대하여 알아본다. 가장 마지막 장은 소개된 주요한 아이디어들을 요약하고 다음 학년에서 제시할 개념에 대한 간략한 개요를 제시한다.

각 장은 대수의 기본적인 아이디어에 대한 논의로 시작하는데, 이후에 이 아이디어를 소개하고 친숙성을 촉진하는 학생들의 활동이 이어지게 된다. 각 활동에 대하여 권장하는 학년 수준을 알려 주고 달성해야 할 목표, 선행 기능과 지식, 그리고 그 활동들을 수행하는데 필요한 자료들이 제시된다. 몇몇 활동은 활동지를 함께 사용해야 하는데 이것은 아이콘으로 표시하고 자료 목록에 제시하고 있어서 부록에서 찾을 수 있도록 하고 있다. 그리고 이것들은 이 책과 함께 제공하는 CD–ROM에서 프린트도 할 수 있도록 하고 있다. 그리고 CD–ROM에는 이와 관련된 내용에 대해 아이콘으로 표시되어 있으며 학생들이 직접 조작해 볼 수 있는 세 개의 애플릿이 있고 교사 교육을 위한 자료도 포함하고 있다.

모든 활동은 똑같은 형식으로 되어 있다. 각각은 3개의 부분으로 되어 있다. 즉 '참여하기', '탐구하기', '확장하기' 이다. '참여하기' 부분은 학생들의 흥미를 끌 수 있도록 고안된 과제를 제시한다. '탐구하기' 는 모든 학생이 해야만 하는 핵심적인 탐구를 제시한다. '확장하기' 는 계속적인 관심을 보이고 보다 도전적인 수학을 하기 원하는 학생들을 위한 부가적인 활동을 제시한다. 여백에 써 놓은 것은 교수에 도움말, 질문이나 활동에 대한 예상되는 학생들의 반

아이콘의 종류

원리와 규준

학습활동지

(교사용 학습 활동지)
CD–ROM

위와 같이 세 개의 아이콘이 있다. **원리와 규준**은 《학교수학의 원리와 규준》에서 인용된 자료를 가리키고, **학습활동지**는 학습활동지를 가리키며 이것이 부록의 어디에 있는지 그 위치를 알려준다. 마지막으로 **CD–ROM**은 이 책과 함께 딸려 있는 CD–ROM에 있는 보충자료를 나타낸다.

응, 책에 있는 CD-ROM에 포함된 자료에 대한 참고문헌, 그리고 《학교수학의 규준과 원리(Principles and Standards for School Mathematics)》 (NCTM, 2000)의 인용을 포함한다. 각 활동에 대한 평가 아이디어는 학생들을 평가하고, 학생들의 수행에 대한 통찰을 제공하고, 어려움을 겪거나 보다 심화된 활동을 필요로 하는 학생들에게 그 활동을 변형하는 방법을 제공한다. 마지막으로, 관련 있는 교수 주제들과 연결시키는 활동에 대한 아이디어를 제공한다.

유의 사항 : 이 책은 이 학년 수준에서의 대수적 추론을 위한 완벽한 교육과정을 제공하기 위한 것이 아니다. 오히려 이 책은 다른 교수 자료들과 함께 사용할 수 있는 활동의 집합체를 제공하고 있다고 할 수 있다.

차례

옮긴이 머리말 / iii
지은이 머리말 / v
이 책에 대하여 / ix

서론 1

1. 규칙성, 관계, 그리고 함수의 이해 2
2. 대수적 기호를 이용한 수학적 상황과 구조의 표현 및 분석 3
3. 양적 관계를 표현하고 이해하기 위해 수학적 모델 이용하기 5
4. 다양한 맥락 속의 변화 분석 6

CHAPTER 01
패턴 9

100수표에서 발견할 수 있는 것 11
증가 관찰하기 15
계산기 패턴 18
앞뜰에 타일 깔기 21
변화하는 패턴 28
증가하고 감소하는 패턴 34
그래프 이야기 39
최고 거래는 무엇인가? 42

CHAPTER 02
변수와 방정식 47

변수 기계 48
하루의 어휘량 50
방정식과 부등식 52
대수 저울 54
규칙 찾기 59
집짓기 62

CHAPTER 03
함수 67

삼각–법칙 기계 70
신기한 홀수 규칙! 74
정사각형과 정육면체의 관계 78

되돌아보기와 전망하기 83

부록 – 학습활동지 모음 87

서론

역사적으로 볼 때 대수학은 수학의 주춧돌 역할을 해 왔고 대수적 사고는 수학의 밑바탕에 깊이 뿌리박고 있다. 또한 대수는 현대수학과 많은 분야에서 수학의 응용에서 여전히 중요한 위치를 차지하고 있다. 따라서 대수가 《학교수학의 원리와 규준》(NCTM, 2000)에서 중심 주제 가운데 하나로 제기되었다는 점은 놀라운 일이 아니다. 그러나 학교교육과정에서 대수는 추상적이고 어려운 과목으로 잘못 이해되어 고등수학을 학습하고자 하는 학생 일부분만이 학습하는 것으로 인식되어 있다. 사실, 대수와 대수적 사고는 초기부터 시작하는 것으로써 모든 학생들의 기본교육에 중심이 되는 역할을 한다.

대수는 흔히 '산술의 일반화'로 묘사된다. 실제로 대수적 사고는 산술적 사고의 자연스러운 확장이다. 산술과 대수 모두 우리가 살아가는 세계 속에서 관찰되는 중요한 관계를 묘사하는 데 유용하다. 그러나 산술은 현상에 대해 정적인 측면의 묘사에 효과적이라면, 대수는 역동적이며 변화하는 현상을 묘사하는데 필요한 도구이다. 아주 나이 어린 어린이도 변화의 중요성을 느끼며 변화를 묘사하고 예측할 필요성을 깨달을 수 있다.

대수적 사고는 매우 어린 나이에 시작되어 성장과 함께 확장되고 심화되어 성숙해간다. 그리고 정규 학교 교육이 끝난 후에도 유용하게 활용된다. 이를 위해 대수 교육과정은 일관성 있게 구성되어야 하고 발달을 지향해야 한다. 그리고 중요한 수학적 개념에 근거하여 모든 학년에 걸쳐 잘 조직화되어야 한다.

내비게이션 시리즈는 《학교수학의 원리와 규준》에 제시된 다섯 영역을 통해 원리와 규준을 현장에 구현하고 교과 내용이 전 학년 영역에 걸쳐 확장 및 통합되는 과정을 예시하고자 한다. 대수 교육과정으로의 이 시리즈는 대수적 개념을 어떻게 도입하여 어떻게 전개할 것이며, 각 학년 과정을 통해 학생들이 무엇을 성취하기를 기대하고, 학생들의 지식을 어떻게 평가하고, 채택된 수업 활동이 어떻게 학습에 기여할 수 있는지에 대한 NCTM의 관점을 반영한다.

대수적 사고의 기본 요소

대수 규준은 다양한 양 사이의 관계와 양이 상호 관련 속에서 변화하는 방법을 중요하게 다룬다. 대수적 사고에 필수적인 능력은 다음과 같다.

1. 규칙성, 관계, 함수를 이해할 수 있다.
2. 대수적 기호를 이용하여 수학적 상황과 구조를 표현하고 분석할 수 있다.
3. 양적 관계를 표현하고 이해하기 위해 수학적 모델을 이용할 수 있다.
4. 다양한 상황에서의 변화를 분석할 수 있다.

이들 각각의 기본 요소는 학생이 성장하고 성숙해 가면서 함께 진화한다. 이어서 위에서 제시한 능력의 특징을 발달단계 별로 자세하게 제시한다.

1. 규칙성, 관계, 그리고 함수의 이해

유아 단계

- 색깔, 크기, 형태, 디자인, 단어, 음절, 음악 소리, 리듬, 움직임, 물리적 대상 등에 대한 경험을 통해 세계 속에서 규칙성을 탐구하기 시작한다.
- 규칙성을 관찰, 묘사, 반복, 확장, 비교하고 창조한다.
- 다양한 특징에 따라 사물을 분류하고 순서를 짓는다.
- 다음에 무엇이 올지 예상하고, 규칙성에서 빠진 것이 무엇인지 알아낸다.
- 규칙성의 유형(예를 들어, 점점 커지는 규칙성인지 반복되는 규칙성인지)을 구분하는 것을 배운다.

초등학교 고학년 단계

- 수, 그래프, 기호, 언어를 이용하여 규칙을 표현하는 방법을 학습한다.
- 수치적 및 기하학적 규칙성 속의 관계를 탐색하고 그 규칙성이 어떻게 발전해가고 변화하는지 분석하는 것을 학습한다.
- 표, 차트, 물리적 사물, 기호를 이용하여 규칙성에 대한 일반화를 만들어내고 설명한다.
- 규칙성 사이의 관계를 이용하여 예측한다.

중학교 단계

- 선형 관계(일정한 변화율) 규칙성을 강조하여 표, 그래프, 언어 또는 기호로 제시된 표현을 탐구한다.
- 기호와 그래프를 관련지을 수 있고, 기울기와 y절편의 의미에 대한 이해를 발전시킨다.
- "만일…이라면, 어떻게 될까?"라는 질문을 통해 규칙성이 어떻게 변화하는지 탐구하고 선형 규칙성과 비선형 규칙성을 구분한다.

고등학교 단계

- 점점 더 복잡한 규칙성, 관계, 함수를 일반화하고 분석할 수 있도록 표, 기호, 그래프, 언어적 표현을 만들어내고 활용하며 다양한 표현들을 유연하게 상호 전환할 수 있다.
- 다른 유형의 함수에 의해 모델화된 상황을 비교하면서 다양한 종류의 함수(선형함수와 비선형함수)와 그 성질에 대한 이해를 발달시켜간다.
- 대수적 이해가 점점 확장되어 하나 이상의 변수와 관련된 함수의 범주를 넘어서고 합성과 역변환과 같은 변환을 수행하는 것을 학습한다.

2. 대수적 기호를 이용한 수학적 상황과 구조의 표현 및 분석

유아 단계

- 덧셈의 교환법칙과 같은 수학적 특징을 사물이나 구체적 수를 통해 설명할 수 있다.

- 사물, 그림, 언어, 기호를 이용하여 동등의 관계를 포함한 수학적 아이디어와 관계를 표현하고 문제를 해결한다.
- 양을 다양한 방법으로 묘사하고 표현하도록 할 때, 두 표현이 동치임을 깨닫고 그들의 아이디어를 전달하기 위해 기호를 사용하는 능력을 확장해간다.

초등학교 고학년 단계

- 수학적 특성을 탐구, 표현, 묘사하고 설명한다.
- 관계를 일반화하기 시작하고 일반화된 관계를 범자연수 계산에 이용한다.
- 상자, 문자 또는 그 밖의 기호를 이용하여 변화하는 양을 표현할 수 있는 변수 개념을 이해하게 되고 그 유용성을 깨닫기 시작한다.
- 변수를 이용하여 두 양을 연관시키거나 방정식을 이용하여 관계를 표현하는 것을 학습한다.

중학교 단계

- 학생들은 일반화된 규칙성, 공식, 등식, 수학적 특징의 표현, 방정식 그리고 부등식에서 변화하는 양으로써 변수의 또 다른 활용의 경우를 접하게 된다.
- 한 변수가 다른 변수와 상호 관련되어 변화하는 상황에서 종속성과 독립성의 개념을 탐구한다.
- 수학적 표현의 동치성을 인식할 수 있는 능력을 발달시키고 이를 활용하여 수식의 변환, 문제해결 그리고 그래프, 표, 기호를 이용한 표현을 할 수 있도록 한다.
- 일차방정식을 다루는 능력을 향상시키고, 기울기와 y절편이 직선에 어떤 영향을 주는지 보일 수 있다.

고등학교 단계

- 수학적 기호에 대한 유창성이 지속적으로 발달하며 문제해결에서 대수적 표현을 능숙하게 다루게 된다.
- 표현능력은 방정식, 부등식, 연립방정식, 그래프, 행렬, 함수 등으로 확장되고 특정 상황에서 다양한 표현방법의 장점과 단점을 각각 설명할 수 있다.

- 기호와 그 밖의 대체적 표현에 대한 능력은 수학적 상황의 분석, 적절한 모델의 선정, 적당한 풀이 방법의 선택, 그리고 풀이의 개연성을 평가하도록 한다.

3. 양적 관계를 표현하고 이해하기 위해 수학적 모델 이용하기

유아 단계

- 사물이나 그림을 이용하는 것을 학습하고 결국 어느 수준에 도달하면 기호를 이용하여 범자연수의 덧셈이나 뺄셈이 포함된 이야기나 모델 상황을 꾸며낼 수 있다.

초등학교 고학년 단계

- 수학을 이용하여 수치적이고 기하학적 규칙성, 과학적 실험, 그리고 그 외의 물리적 상황의 모델을 만드는 것이 가능함을 인식하기 시작한다.
- 수학적 모델이 현상의 묘사뿐만 아니라 예상하는 힘을 가지고 있음을 발견하게 된다.
- 관계를 표현하기 위해 그래프, 표, 방정식을 사용하고 결론을 이끌어내기 위해 모델을 이용하면서, 학생들은 다양한 모델을 비교하고 특정 상황에 다양한 모델들이 동일한 결과를 만들어내는지 여부를 탐구한다.

중학교 단계

- 그래프, 표, 방정식 등의 다양한 표현방법을 통해 모델화되고 해결될 수 있는 맥락화된 문제를 탐구한다.
- 교육공학 도구를 활용하여 변화의 규칙성을 모델화하는데 함수를 사용하는 것을 학습한다. 그 가운데는 실생활 자료를 생성하고 표현하는 것도 포함된다.
- 물론 선형 관계에 의해 모델화될 수 있는 상황도 강조하지만, 비선형 관계의 예를 탐구하고 그들의 모델을 이용하여 가설을 만들고 검증한다.

고등학교 단계

- 주어진 상황에서 핵심적인 양적 관계를 추출하고 그 관계를 모델화할 수 있는 함수의 유형을 결정하는 능력을 발달시켜간다.
- 기호적 표현을 이용하여 다양한 맥락에서 출현하는 관계를 표현하게 된다. 이러한 것에는 자료를 생성하고 이용하는 상황도 포함된다.
- 상황에 대한 모델을 이용하여 관계에 대한 가설을 세우고, 그 가설을 검증하며 모델을 만들고자 하는 상황에 대한 결론을 이끌어 낸다.

4. 다양한 맥락 속의 변화 분석

유아 단계

- 환경 속에서 변화의 예를 인식하고 변화를 '점점 커진다', '점점 차가워진다', '점점 어두워진다', '점점 무거워진다'와 같은 질적인 용어를 사용하여 묘사하게 된다.
- 변화에 대해 양을 측정하고 비교함으로써 온도의 변화, 교실에서 키우는 식물이나 애완동물의 성장 등을 이용하여 양적으로 기술하는 것을 학습한다.
- 어떤 변화는 예상 가능하지만 어떤 경우는 그렇지 않다는 것을 학습하고 대부분의 변화하는 상황은 수학적으로 묘사할 수 있다는 것을 학습한다.

초등학교 고학년 단계

- 변화는 양을 수, 표, 그래프를 통해 표현하고 대부분의 변화 규칙성이 추의 무게에 따라 스프링의 길이가 변화하는 경우에서와 같이 하나 이상의 양과 관련되어 있다는 것을 관찰한다.
- 변화의 규칙성에서 차이를 학습하기 시작하고 일정비율로 변화하는 경우와 변화의 비율이 변동하는 변화의 경우를 비교한다. 한 자루에 200원 하는 연필을 사는 경우는 일정비율로 변화하는 예이고, 식물이 해가 바뀌면서 자라는 경우는 변동하는 변화의 경우이다.

중학교 단계

- 변화하는 양과 관련된 다양한 예와 그러한 변화를 표현하는 그래프를 탐구한다.
- 그래프에 나타난 관계에 대한 질문에 답하고 누적량과 변화율을 구

분하는 것을 학습한다.

- 변화율과 같은 매개변수를 변화시키면서 그래프, 방정식, 표에서 나타나는 변화를 관찰할 수 있다.

고등학교 단계

- 수학적 양이 변화하는 방법, 그리고 특히 변화율 개념에 대한 이해를 심화시켜간다.
- 다양한 수학적 상황과 실세계 현상을 탐구하면서 변화하는 관계를 분석하고 의미를 해석한다.
- 그래프와 수치 자료에 나타난 변화와 변화율을 해석하고 대수적 기술과 적절한 테크놀로지를 이용하여 역동적 상황의 모델을 만들고 평가한다.

대수 교육과정 개발

《학교수학의 원리와 규준》(NCTM, 2000)과 위에 제시된 대수적 사고의 개발을 촉진하는 대수 교육과정은 일관적이고, 집약적이며, 명확히 진술되어야 한다. 대수 교육과정은 수업이나 활동의 단순 배열이 아니라 발달적이고 연관성을 가지고 있어야 한다. 초기에 도입되는 수학적 아이디어는 심화되고 확장되어야 한다. 따라서, 후속 수업은 선행 수업을 통해 형성된 기초에 연결되어야 하고 그 기초 위에 구성되어야 한다. 학생들은 교육과정을 통해 진급하면서 지속적으로 보다 정교한 대수적 사고를 학습하고 그 응용을 통해 학교, 가정, 삶의 다양한 상황에서 문제를 해결하도록 촉구되어야 한다.

본 내비게이션 시리즈는 완벽한 대수 교육과정을 기술하는 것이 아니며 그렇게 시도하지도 않았다. 그보다는 대수 규준에 의한 네 개의 내비게이션은 몇몇 선별된 대수 분야의 주요 아이디어를 유치원에서 12학년에 이르기까지 어떻게 전개할 것인지 예시하고자 한다. 나아가 대수, 기하, 자료 분석과 같은 수학 교육과정의 주요 주제들을 서로 내적으로 연결되어 있고, 한 주제 분야에서 제시된 개념이 다른 문맥에서 등장하게 될 때 보다 더 심도 있게 발전되도록 한다. 따라서 《학교수학의 원리와 규준》(NCTM, 2000)의 다른 부분에 대하여 장래에 만들어질 *내비게이션*은 대수 교육 목적을 강화할 것이고 반대로 이런 목적이 장래에 만들어질 *내비게이션*을 강화하게 될 것이다.

대수적 방법과 아이디어는 현대 사회에서 요구하는 수학적 소양의 필수적 요소이며, 교육과정에서 대수 분야는 《학교수학의 원리와 규준》이 제시한 수학교육에 대한 관점에서 중추적 위치를 차지하고 있다. 이들 *내비게이션*은 수학교육자가 중요한 대수 규준을 성공적으로 교과지도에서 실현하는데 안내서의 역할을 하고자 한다.

CHAPTER
01

패턴

Navigations Series Grades 3-5

단어, 표, 그래프를 이용하여 패턴과 함수를 표현하고 분석하라.

9×1=9
9×2=18
9×3=27
9×4=36
9×5=45
9×6=54
9×7=63
9×8=72
9×9=81

학생들이 찾을 수 있는 한 가지 패턴은 각 곱에서 자리수의 합이 9라는 것이다. 그 외에는 어떤 것이 있는가?

"수학은 패턴과 질서의 과학이다"(National Research Council, Mathematical Sciences Education Board 1989, p. 31). 수표에서 발견되는 패턴을 깨닫는 것은 숫자들에 대한 관계를 더 깊게 이해하는데 중요하다. 숫자, 표, 조작, 기하학적 모양, 그래프에서 발견되는 패턴을 찾아내고 설명하는 능력은 일반적으로는 수학의 깊은 이해, 특히 대수에 대한 이해를 발전시키는데 중요하다. 이 장에서는 학생들로 하여금 다음의 것들을 가능하게 하는 아이디어와 기법을 발전시키는 것에 대하여 설명한다.

- 다양한 수학적이고 실세계적인 문맥에서 패턴을 인지하기
- 그러한 패턴을 만드는 규칙을 말로 설명하기
- 패턴에 대하여 확장하고 일반화하기
- 언어, 표, 그래프로 주어진 패턴을 분석하기

다음 문제를 생각해보시오.

9를 포함하는 기본적인 곱셈 조합에서 어떤 패턴을 찾을 수 있는가? 이러한 곱셈 조합을 기억하도록 도우려면 그 패턴을 어떻게 사용할 수 있는가?

또 다른 문제를 생각해보시오.

마리아와 타니샤는 색칠 작업을 하고 있다. 다음의 차트는 기계가 10초마다 출력하는 카드의 숫자를 보여준다. 차트에서 어떤 패턴을 볼 수 있는가? 패턴을 설명하는 어떤 규칙을 쓸 수 있는가?

학습활동지

기하학적 패턴과 숫자로 된 패턴에 대하여 기술하고, 확장하고, 일반화하라.

시간(초)	기계에서 출력되는 카드의 수
10	2
20	4
30	6
40	8

패턴은 학생들이 변수와 함수를 탐구하도록 하는 효과적인 방법이다. 그리고 그것은 대수를 연구하는데 있어서 중요한 아이디어다. 마음속에 이것을 새기고 이 장에서는 '증가하는 패턴' 으로 알려진 패턴을 탐구할 것이다. 증가 패턴은 패턴의 한 단계에서 다음 단계로의 진행을 포함한다. 증가 패턴은 증가하는 수열과 감소하는 수열 모두를 보여줄 수 있다. 증가하는 패턴에 대한 간단한 설명은 그림 1.1의 '증가하는 T' 를 사용하여 제공될 수 있다. 첫 번째 배열에서 X의 숫자는 5이다. 그리고 그 다음 배열은 각각 8, 11, 14개의 X를 보여준다.

그림 1.1
증가하는 T

XXX	XXXXX	XXXXXXX	XXXXXXXXX
X	X	X	X
X	X	X	X
	X	X	X
		X	X
			X
			X

5번째 T에는 가로에 X가 11개가 있고 세로에 6개가 있다. 6번째는 가로에 X가 13개 있고, 세로에 7개가 있다. 20번째는 가로에 41개 세로에 21개가 있다.

T 안의 X의 숫자에서 학생들은 어떠한 변화를 볼 수 있는가? 우선 각 T의 가로선에 있는 X의 숫자는 3, 5, 7, 9의 패턴을 따른다. T의 '줄기' 에 있는 X의 숫자는 2, 3, 4, 5의 패턴을 따른다. 교사들은 "T의 다섯째 번에 있는 X의 개수는 얼마가 될까? 6째 번은? 10째 번은? 20째 번은?" 하고 물을 수 있다.

규칙은 3n+2로 나타낼 수 있다.

학생들이 패턴 규칙을 언어화하고, 그런 질문을 제시할 때 패턴에서 몇째 번 T라도 설명할 수 있으려면 어떤 규칙을 사용해야 하는가? 예를 들면, T의 가로 선에 대한 규칙을 설명한 것은 '3으로 시작하는 홀수' 그리고 '3으로 시작한 다음, 각 가로선에 2를 더하기' 를 포함한다. T의 줄기에 대한 규칙은 "첫째 번 줄기는 X가 2개이고, 다음 줄기에서는 각각 1씩 더한다.” 마지막으로, 학생들은 전체 T의 패턴에 대하여 다음을 제시하였다. “수열(즉 1, 2, 3,…) 에서 T의 숫자를 3씩 곱한다. 그리고 2를 더한다.”

패턴 개념을 발전시키는 한 가지 방법은 100수표와 같이 학생들에게 친숙한 내용을 사용하는 것이다. 100수표에서 발견되는 패턴은 덧셈, 뺄셈, 그리고 곱셈과 같은 수학적 개념과 연관될 수 있고 대수적 사고를 촉진시킬 수 있다. 《학교 수학을 위한 원리와 규준(Principles and Standards for School Mathematicals)》([NCTM] 2000)은 학생들이 패턴을 말로 설명하도록 요구하고 있다. 다음의 활동은 우선 100수표에서 발견된 패턴을 인식하고 그 다음에 설명할 수 있도록 학생들에게 기회를 제공하도록 설계되었다.

100수표에서 발견할 수 있는 것

3-4학년

학습 목표

규칙이 주어지면 학생들은 100수표를 이용하여 수의 패턴을 탐구할 것이다.

기하학적이고 수적인 패턴을 설명하고, 확장하고, 일반화하라.

사전 지식

3학년 어린이들은 기본적인 숫자 조합에 친숙할 필요가 있고 패턴을 찾고 설명한 경험을 가지고 있어야만 한다.

학습 자료 및 교구

이 활동은 탐구할 각 패턴에 대하여 학생들에게 100수표(1-100, 0-99) 한 장씩이 필요하다. 수업에 사용할 수 있는 100수표 복사본은 부록에 수록되어 있다. 또한 복사본은 CD-ROM에도 있다. 색연필이나 크레용을 100수표에 시각적인 패턴을 만드는데 사용할 수 있다. 학생들이 따라야 하는 수의 규칙을 가진 게시물(또는 칠판이나 OHP에 적은 리스트)이 필요할 것이다.

88, 89쪽

학습 환경

여러분은 학생들의 활동 수행을 위해 둘씩 짝을 짓거나 소그룹을 만들도록 할 수 있다.

활동

4와 6 또는 1, 3, 5의 규칙을 찾도록 하여 학생들이 나온 패턴을 찾도록 하고 싶을 것이다.

1	2	**3**	4	5	**6**	7	8	**9**	10
11	**12**	13	14	**15**	16	17	**18**	19	20
21	22	23	**24**	25	26	**27**	28	29	**30**
31	32	**33**	34	35	**36**	37	38	**39**	40
41	**42**	43	44	**45**	46	47	**48**	49	50
51	52	53	**54**	55	56	**57**	58	59	**60**
61	62	**63**	64	65	**66**	67	68	**69**	70
71	**72**	73	74	**75**	76	77	**78**	79	80
81	82	83	**84**	85	86	**87**	88	89	**90**
91	92	**93**	94	95	**96**	97	98	**99**	100

100수표는 규칙 4에 따라 색칠되었다.

도입하기

학생들에게 100수표에서 숫자들을 선택하기 위하여 다음의 규칙들을 따르는 여러 색으로 된 디자인을 만들 것이라고 알려주어라. 2, 3, 4…의 배수에 대하여 의논하여라. 또는 2, 3, 4로 나눌 수 있는 수에 대하여 이야기하여라. 두 가지 중 한 가지를 학생들에게 나누어 주어서 아래의 규칙에서 2개나 3개를 선택하게 하여라. 각 규칙마다 다른 색깔을 사용해야 한다. 만약 셈돌을 이용할 수 있다면, 학생들이 패턴을 색칠하기 전에 패턴을 표시하도록 셈돌을 사용하게 하여라.

100수표에서 찾을 수 있는 규칙

1. 2가 포함된 숫자들
2. 각 자리의 숫자가 1 차이 나는 숫자들(학생들은 항상 일의 자리 숫자보다 1이 큰 십의 자리 숫자를 고른다는 것을 명심해라.)
3. 4가 포함된 숫자들
4. 3의 배수인 숫자들
5. 7이 포함된 숫자들
6. 5의 배수인 숫자들
7. 0이 포함된 숫자들
8. 8로 나누어떨어지는 숫자들
9. 10의 자리에 5가 포함된 숫자들
10. 4의 배수인 숫자들
11. 둘 다 같은 자리 수로 된 숫자들
12. 8로 나누어떨어지는 숫자들
13. 각 자리수를 더해서 9가 되는 숫자들(예를 들어, 63에서 6과 3을 더하면 9가 된다. 27에서 2와 7을 더하면 9가 된다.)
14. 2와 3의 배수인 숫자들

탐구하기

그룹에게 스스로가 완성한 패턴을 조사하도록 시간을 주어라. 어린이들이 비슷한 패턴뿐만 아니라 구별되는 패턴도 찾아보도록 하여라. 그룹 학생들이 스스로 찾은 것을 서술하도록 하여라. 학생들이 관찰한 것을 반성하도록 하고, 자신의 생각을 분명히 하며, 자신의 생각을 나누도록 하여라.

각 그룹에 과제를 완성하면, 그룹에서 발견한 것을 전체 학급에게 발표하도록 하여라. 논의를 돕기 위하여 다음의 질문을 사용하여라.

- 같은 패턴을 가진 100수표가 있는가?
- 100수표들은 어떻게 비슷하고, 어떻게 다른가?
- 짝수의 배수로 된 100수표와 홀수의 배수로 된 100수표 사이의 차이점을 발견할 수 있는가?
- (3과 5의 배수로 된 100수표를 가리키며) 3과 5의 배수인 수에 대하여 무엇을 말할 수 있는가? 패턴 사이의 차이점은 무엇인가?
- 4의 배수의 패턴은 8로 나누어떨어지는 수와 비교하여 어떤 패턴을 갖는가?

확장하기

학생들에게 다른 패턴에 대하여 예상해 보도록 하여라.

- (0–99의 100수표를 가리키며) 3, 8, 9를 포함하는 숫자들은 그 안에서 어떤 패턴이 있을 것으로 생각하는가? 왜 그렇게 생각하는가? 2 또는 7의 배수인 숫자들에 대해서 어떤 패턴이 있을 것인가? 왜 그렇게 생각하는가?
- (0–99의 100수표를 가리키며) 만약 대각선을 따라 정사각형을 색칠하도록 한다면, 어떤 규칙이 0부터 99까지의 패턴을 설명할 것인가? 9부터 90까지는 어떠한가?
- (0–99의 100수표를 가리키며) 5로 시작하는 세로 열과 50으로 시작하는 가로 행이 색칠되어 있다면, 어떤 규칙이 이 패턴을 설명할 것인가?

당신은 학생들에게 한 가지 규칙을 가지고 자신만의 패턴을 만들도록 하고 짝에게 그 규칙을 찾아보도록 할 수 있다.

0 이후에, 0부터 99까지 대각선으로 그으면 11, 22, 33, …, 99와 같이 같은 수가 두 번 반복된다. 9부터 90까지의 대각선은 9의 배수를 나타난다.

학생들이 찾아낸 몇 가지 패턴은 다음을 포함한다. "모든 수는 5를 포함한다." "가로와 세로에 대응되는 원소에서 각 자리 수의 합은 같다." "열과 행에서 대응하는 위치에 있는 숫자들은 반대 숫자임을 보여준다."

평가 아이디어

학생들이 분명히 아는 것에 기초하여 100수표에서 발견한 패턴을 설명하는 것과 얼마나 표현이 잘 기술되었는지를 평가하여라. 활동을 확장하는 단계에서, 학생들이 규칙을 어떻게 생각하는지 또는 패턴이 어떻게 될 것인지를 뒷받침하기 위하여 이유를 어떻게 제시하는지에 주의를 기울여라.

후속활동

나누어떨어지는 규칙은 학생들이 최소공배수와 최소공통분모를 공부할 때 도움이 될 것이다. 이러한 생각은 유리수 식을 가지고 하는 연산에서 대수뿐만 아니라 산술에서도 사용된다.

대부분의 규칙은 곱셈구구를 다루기 때문에 당신은 수업을 나누어떨어지는 규칙을 설명하도록 확장할 것이다. 1–100차트를 가리키며, "한 숫자가 2, 3, 4, 5, 6 등으로 나누어지는지 우리가 어떻게 알 수 있죠?" 라고 물어라. 학생들이 곱셈의 역연산으로써 나눗셈에 초점을 맞추게 하는 것은 나누어떨어지는 규칙을 이끌어내는데 도움이 될 것이다. 예를 들어, 학생들이 색연필(예를 들어 빨간색이라고 하자)을 가지고 2로 나누어떨어지는 숫자를 가진 모든 정사각형에 점을 그리도록 하여라. 그러고 나서 학생들이 3으로 나누어떨어지는 숫자들에는 다른 색 색연필로 점을 그리도록 하여라. 이 과정을 10까지 가면서 남아 있는 숫자들에 대하여 계속하여라. 학생들이 알아차려야 하는 규칙 중에 하나는 6으로 나누어지는 숫자들은 2와 3으로 나누어떨어질 수 있는 색칠된 점을 가지고 있다는 것이다(즉, 2의 배수이기도 하고 3의 배수이기도 하다).

패턴을 분별하고 확장하는 것은 중학년과 2학년에서 대수를 공부하는데 중요한 전조로 여겨지기 때문에 중요한 과정이다. 1학년에서, 간단하게 변화하는 패턴과 반복되는 패턴을 조사하고 학생들은 패턴을 분별하고 확장하는 것을 배우며 만족스럽게 간단한 규칙을 설명한다. 3학년이라는 이른 시점에 시작하고 중학년을 거쳐 확장하면서, 학생들은 패턴을 확장할 뿐만 아니라 어떤 잠재된 배열이나 패턴의 요소를 결정하도록 도와주는 일반화 또는 대수적 관계를 찾아낸다.

증가하는 패턴은 수치적인 요소를 가지고 있으며, 증가하는 패턴을 기록하고 묘사하도록 차트나 표를 만들 수 있다. 다음의 활동은 학생들이 증가하는 패턴을 이해하도록 강화하고 학생들이 표를 사용하여 패턴을 수치적으로 기록하는 것을 도와주도록 구성되어 있다.

증가 관찰하기

3-4학년

학습 목표

■ 패턴 블록과 직각 이등변삼각형을 사용하여 패턴의 증가 구성하기
■ 표에서 수 패턴 기록하기
■ 패턴을 확장하기 위한 법칙 제시하기

기하학적이고 수적인 패턴을 설명하고, 확장하고, 일반화하라.

90쪽

사전 지식

학생들은 표 구성하기와 해석하기에 친숙해져야 한다. 3–5학년 학생들은 패턴을 검토하고 확장하는 경험들을 가져야 한다. 4학년 학생들은 시각적 패턴을 수 패턴으로 변화하는 것에 익숙해져야 한다.

학습 자료 및 교구

■ 8개의 직각이등변삼각형 블록 또는 직각이등변삼각형을 부록 또는 CD-ROM에서 형판을 복사하라. 이는 각 개인 또는 두 명의 (짝) 학생들에게 제공하면 된다.
■ 패턴블록 세트 또는 패턴블록 복사본은 부록과 CD-ROM 형판에서 가능하다.
■ 종이, 득점기록원과 연필을 준비한다.

단어, 표, 그래프를 이용하여 패턴과 함수를 표현하고 분석하라.

학습 환경

이 활동은 개별 활동 또는 짝 활동으로 실행될 수 있다. 학생들이 그들의 패턴 블록 배열을 구성할 수 있는 가능한 표와 면을 만들어라.

활동

도입하기

학생들에게 그들의 과제가 얼마나 많은 삼각형이 20일 된 '애벌레'를 구성하기 위해 필요한가를 발견하기 위한 것임을 설명하라. 그들이 1일 된 벌레를 만들기 위해 직각이등변삼각형을 사용하게 하라

(그림 1.2a). 그 후 2일 된 애벌레 만들기(그림 1.2b). "다음 애벌레를 만들기 위해 얼마나 많은 삼각형이 필요한가?"라고 물어보라. 그런 후 3일 된 애벌레를 학생들이 만들게 하라(그림 1.2c).

그림 1.2
직각이등변삼각형으로 애벌레 만들기

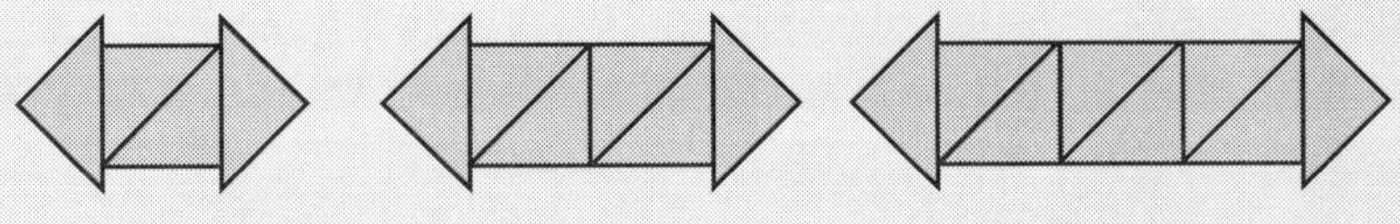

(a) 1일 된 애벌레 (b) 2일 된 애벌레 (c) 3일 된 애벌레

그림 1.3
표는 '애벌레'가 산 날과 그들의 '몸'에 있는 삼각형의 수 관계를 보여준다.

나이(일)	삼각형 수
1	4
2	6
3	8
4	10
10	?

이 질문에는 본래 문제를 위해 주어진 것과 요구되는 것의 반전이 있다. 여기서 우리는 방정식 2(n+1)=60을 해결하고 있다(대답 : 그렇다. 벌레는 60개의 삼각형을 사용하여 구성될 수 있다. 이 애벌레가 산 날은 29일이다).

원리와 기준은 학생들에게 언어로 패턴을 묘사하고 표에 그들을 표현하기, 관계를 찾고 적용하기, 예언 만들기를 요청한다. 학생들에게 애벌레가 산 날과 애벌레를 구성하기 위해 필요한 삼각형의 숫자 사이의 관계 설명에 대한 일반화와 법칙 토론의 기회가 주어져야 한다. 비록 수 관계를 발견하기 위해 어떤 학생들에게 많은 연구와 실험이 필요할지라도, 그들의 연구가 계속되도록 격려하라. 관계의 발견과 이해는 대수적 사고의 중요한 요소가 된다.

학생들이 수 관계를 발견하기 시작하면서 학생들은 패턴의 각각의 연속에서 수 표현을 발견하게 된다. 학생들은 표에 이 관계를 기록해야 한다. 애벌레가 산 날과 삼각형의 수가 어떻게 애벌레 성장의 구성에 필요한지에 대해 그림 1.3에서 설명하라. 시각적 정보를 사용하여 학생들은 애벌레가 산 날의 두 배 더하기 2이다는 것을 볼 수 있어야 한다. 즉 2n+2 또는 2(n+1), n은 벌레가 산 날이다.

애벌레가 산 날이 n일 때 법칙처럼 관계를 학생들에게 진술하게 하라. 예를 들어, "애벌레의 크기는 산 날에 2를 곱하고 2개의 삼각형을 더하는 것이다." 애벌레가 20일, 26일, 50일이 되었을 때 필요한 삼각형의 수를 예측하기 위해 법칙을 사용하도록 학생들을 격려하라. "애벌레를 만들기 위해 60개의 블록이 필요할까? 만약 그렇다면, 애벌레는 며칠 되었을까?"를 물어보라. 학생들이 그들의 이유를 설명하도록 격려하라.

탐구하기

학생들이 그들의 변화 패턴 디자인을 구성하기 위해 그들의 패턴 블록을 사용하도록 요청하라. 그들에게 다른 사람의 변화 패턴을 관찰하고 변화 패턴의 수열에서 블록의 수 관계 법칙을 진술할 기회를 주어라.

확장하기

학생들에게 구성 종이에 그들의 변화 패턴을 기록하도록 격려하라. 그들의 패턴 블록 또는 형판을 통해 만들어진 패턴 블록 형태의 자취를 밟음으로써 기록하도록 하라. 그들의 수열의 첫 몇몇 요소들을 기록할 표를 사용하도록 하라. 게시판에 학생들의 패턴 블록 디자인과 표를 전시하라. 블록의 개수와 변화 패턴 사이의 관계를 발견할 시간을 주어라. 다른 변화 패턴의 법칙을 증명하도록 학생들을 격려하라.

평가 아이디어

게시판에 학생들이 창조한 패턴 블록 디자인을 전시하라. 전시된 것 중 5개의 다른 디자인을 학생들에게 선택하도록 하라. 그런 후 각각의 성장 패턴 표를 구성하도록 하고 패턴을 일반화하기 위해 사용된 패턴 블록의 수 관계 법칙을 진술하라. 그림 1.4의 학생의 활동 예를 보라.

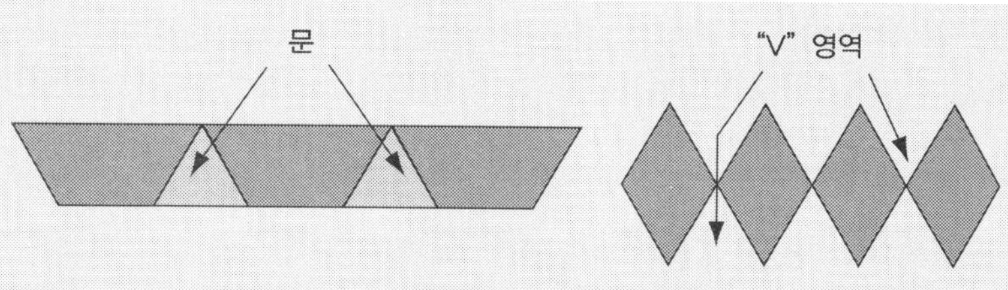

문의 수	블록의 수 (어두운 회색)
1	2
2	3
3	4

법칙 : 블록의 수는 문의 수보다 1 크다.

블록의 수	V 영역의 수
2	2
3	4
4	6

법칙 : V 영역의 수는 블록 수 두 배 빼기 2

그림 1.4
성장 패턴에서 관계를 기록한 학생들이 만든 표

블록 수(사다리꼴)의 대수적 표현은 n+1.

V 영역 수의 대수적 표현은 2n−2.

후속활동

학생들은 수집, 조지, 토론과 데이터를 그래프로 표현하는 동안 패턴을 조사한다. 표 만들기와 분석 후에, 학생들은 데이터에서 발견된 관계들을 기호적 표현 또는 방정식으로 공식화하기 시작한다. 이 활동은 학생들이 중학교에서 마주치게 될 근원적인 변수와 함수 아이디어를 위한 도입에 사용될 수 있다.

계산기는 강력한 도구로 패턴을 탐구하는데 사용될 수 있고 패턴에 근거한 관계를 발견하기 위해 사용되어야 한다. 다음에 따르는 활동에서 학생들은 계산기의 도움으로 패턴을 탐구할 수 있다.

계산기 패턴

3-5학년

학습 목표

기하학적이고 수적인 패턴을 설명하고, 확장하고, 일반화하라.

- 계산기를 사용하여 패턴 탐구하기
- 관찰된 패턴을 수 패턴으로 전환하기

사전 지식

다음 활동은 학생들이 패턴과 관계를 찾을 때 논리적으로 생각하도록 도움으로써 고차원적 사고 기술을 강화한다. 3학년 학생들은 계산기를 사용하고 패턴을 연습할 경험을 가져야 한다. 4, 5학년 학생들은 수와 수 표현 패턴에서 언어적 패턴으로 익숙하게 바꿀 수 있어야 한다.

학습 자료 및 교구

단어, 표, 그래프를 이용하여 패턴과 함수를 표현하고 분석하라.

- 오버헤드 프로젝트 계산기
- 계산기
- 종이와 연필

학습 환경

이 활동은 개인 또는 짝 활동으로 실행할 수 있다.

활동

도입하기

이 활동은 계산기의 일정한 기능을 사용한다. 오버헤드 프로젝트 계산기를 사용하기에서, [0]을 누른다. 학생들에게 1에서 9까지 숫자를 선택하도록 요청하라. 예를 들어 5라고 하자. + [5]를 누른 후, [=]을 누르라. 계산기를 이전 합계에 5를 더할 것이다. 표시된 수를 기록하라. 또다시 [=]을 누르라. 새로운 수를 기록하라. 계속적으로 [=]을 누르고 나타난 수를 기록하라. 몇 번 입력 후, 다음 몇 숫자를 학생들에게 예측하게 하라. 다음을 제시하라.

많은 계산기들은 그냥 =만 반복적으로 누르면 된다. (+5=이 아니라)

계산기 출력 : 5, 10, 15, 20, 25, 30, 45, 50, …

- '5 더하기' 패턴의 부분이 되는 것과 되지 않은 어떤 수는 무엇인가?
- 수를 예측하기 위해 사용될 수 있는 법칙은 있는가? 그렇다면, 법칙을 제시하라.

탐구하기

학생들에게 1부터 9까지 다른 수를 선택하도록 하라. 그리고 만약 그들이 0으로 시작하고 선택한 수를 계속적으로 더한다면 무엇이 일어날 것인지 탐구하도록 하라. 아래 질문을 하라.

- 당신이 100으로 시작해서 선택한 수를 빼면 무엇이 발생할 것인가? 0에 도달할까?
- 당신이 선택한 수로 0에 도착하기 위해 당신은 어떤 수로 시작해야 할까?

오직 짝수 또는 오직 홀수의 결과만으로 이루어질 패턴을 어떻게 만들 수 있을지 학생들에게 토론하게 하라.

확장하기

패턴을 찾는 것은 범자연수를 종종 제한되게 한다. 그러나 계산기를 사용함으로써 학생들은 범자연수에 적용한 패턴이 소수, 분수, 음수에 적용될 수 있는지 아닌지를 탐구할 수 있다. 학생들이 10으로 나누기를 계속적으로 되풀이할 때 무엇이 발생되는지를 발견하기 위해 학생들이 계산기를 사용하도록 격려하라. 계산기에 10000을 기록하

반복적으로 사용할 수 있는 수와 기능을 대부분의 계산기들이 기억하도록 만들 수 있다. 많은 계산기는 더 쉽게 계속적인 수의 덧셈 또는 곱셈의 과정을 만드는 일관된 기능을 가지고 있다. 그러나 일관된 기능은 각 계산기마다 다르게 작용된다. 당신은 당신이 가진 계산기의 사용법을 알아봐야 할지도 모르며 또는 일관된 기능 사용을 위한 바른 방법을 발견하기 위한 실험 방법을 선택할지도 모른다.

고 (1) [÷]10을 누르고, (2) [=]을 누르고 답을 기록하라, 그리고 (3) 계속적으로 [=]을 누르고 답을 기록하라.

$$10000 \div 10 = 1000$$
$$1000 \div 10 = 100$$
$$100 \div 10 = 10$$
$$10 \div 10 = 1$$
$$1 \div 10 = 0.1$$
$$0.1 \div 10 = 0.01$$
$$0.01 \div 10 = 0.001$$

다음과 같은 질문을 하라.

- 어떤 패턴에 주목했는가? 패턴을 설명하라.
- 100으로 나눈다면 어떤 결과가 발생했을까? 패턴을 설명하라.
- 10의 배수가 아닌 수로 시작한다면 어떤 결과가 발생할까?
- 계산기에서 당신이 얻을 수 있는 가장 작은 수는 무엇인가?

평가 아이디어

연속적인 짝수의 합을 찾기 위해 학생들이 계산기를 사용하도록 하라. 결과를 기록하고 나타난 패턴의 설명을 도울 표를 만들도록 하라(그림 1.5). 언어적으로 패턴을 기술하도록 하라. 한차례 언어적 기술이 토론되고 상세히 논술된 후, 학생들에게 기호적으로 패턴을 표현하도록 격려하라. 예:

언어적 기술 : 당신이 더한 짝수의 개수를 세어라. 이 수에 1을 더하라. 이 두 수들을 곱하라. 합을 알 수 있다.

기호적 기술 : $n \times (n+1) = S$, n은 더한 짝수이고, S는 수들의 합이다.

그림 1.5
연속적인 짝수의 합을 보여주는 표

연속적인 짝수	합
2	2
2+4	6
2+4+6	12
2+4+6+8	20

"처음 20개의 계속적인 짝수의 합은 무엇인가? 처음 50개는? 처음 73개는?

후속활동

패턴 이해는 학생들의 높은 단계의 수학적 개념 발달을 촉진할 것이다. 예를 들어, 수 관계 탐구는 자연적으로 다양한 표현과 방정식의 이해를 이끌고, 관계를 그래프로 나타내기는 다양한 표현과 방정식을 그래프적 표현으로 제공한다. 다음 활동은 어떻게 수학적 생각이 문제 연구로부터 발달될 수 있는지, 어떻게 대수가 이 생각들을 일반화하고 표현하는 방안으로 나타나는지에 대해 설명해준다.

앞뜰에 타일 깔기

학년 3-5

학습 목표

- 패턴과 관계 관찰하기
- 패턴에 대하여 추론하고 추론을 확인하기
- 패턴과 관계에 대하여 토론하고, 말로 나타내고, 일반화하기

사전 지식

3학년에서 학생들은 패턴을 알아보는 학습을 한다. 또한 간단한 패턴의 규칙을 확인하는 방법을 찾아내는데 익숙하게 한다. 4학년에서는 정사각형의 넓이를 구하는 방법을 학습한다. 5학년에서는 좌표상에 그래프 그리는 방법을 학습한다.

말, 표, 그래프를 써서 패턴과 함수를 나타내고 분석하라.

학습 자료 및 교구

학생 한 명당 또는 두 명당 서른 장의 흰색 타일과 서른 장의 갈색 타일이 필요하다(갈색 및 흰색의 색지로 만든 한 변이 1인치인 정사각형 색종이를 만들어 타일이라고 하면 될 것이다).

각 학년 학생들은 추측이라는 용어에 익숙하지 않을 것이다. 학생들이 패턴을 확장하려고 시도할 때마다, 수학적 추측을 할 것이다. 다음과 같은 질문을 하면서 추측하기를 학습할 수 있다: 다음번에는 어떻게 될 거라고 생각하니? 패턴은 어떻니? 이것은 항상 참일까? 학생들에게 풀이를 증명하라고 하게 되면 학생들이 추측하는데 유용할 것이다.

학습 환경

이 활동은 개인별 또는 짝으로 이루어지는 것이다. 학생들은 타일을 가지고 책상 위나 다른 평평한 표면에 여러 가지 크기의 정사각형을 구성한다.

활동

도입하기

다음 문제를 제시한다.

> 알프레도 고메즈는 정사각형의 앞뜰을 설계하고 있다. 각 뜰의 중심부에는 정사각형 모양의 정원이 있다. 알프레도는 정원 부분의 흙을 갈색 타일로 나타내었다. 정원 주위를 흰색 타일이 둘러싸고 있도록 설계하였다. 그림 1.6과 같은데, 세 개의 작은 정사각형 모양의 앞뜰이 있는데, 가운데 부분의 정원을 갈색 타일로 그 주변은 흰색 타일로 계획하였다.

학생들에게 갈색과 흰색 타일을 써서 앞뜰 세 개를 설계하는데, 정원 부분과 둘레 부분을 나타내도록 하여라. 그림 1.7의 표 안에 각 뜰의 모양별로 필요한 흰색 타일과 갈색 타일의 수를 기록하여라. 그리고 다음과 같이 질문하시오. “그 다음으로 큰 앞뜰에는 타일이 몇 개 필요할까?”

탐구하기

위의 표는 계속된다. 학생들이 패턴에 대한 근거를 탐구하도록 다음과 같은 질문을 해 보시오. 주어진 앞뜰에 사용할 갈색 타일과 흰색 타일의 수에 초점을 맞추고, 주어진 갈색 타일의 수에 대하여 가장자리를 둘러싸고 있는 부분의 타일의 수와 가장자리 부분을 둘러싸고 있는 타일의 수에 대한 갈색 타일의 수에 대하여 생각해 보게 하시오.

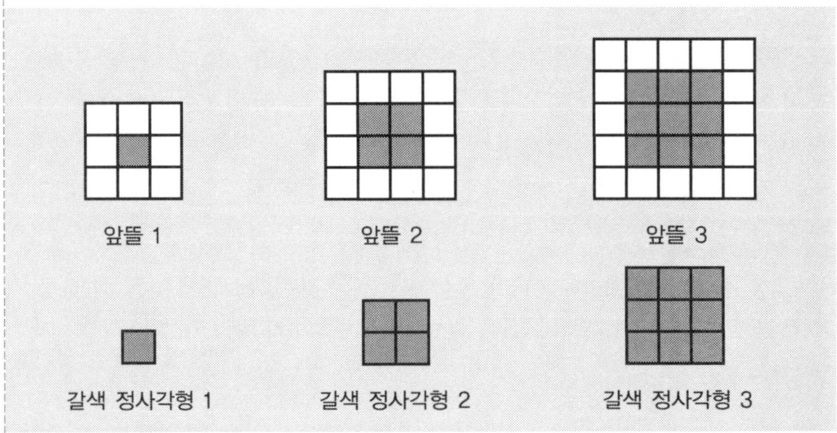

그림 1.6
알프레도가 설계한 정원을 포함한 가장 작은 3개의 앞뜰

앞뜰의 번호	갈색 타일의 수	흰색 타일의 수	갈색 및 흰색 타일의 총 수

그림 1.7
앞뜰에 타일 깔기 문제의 자료를 조직화하기 위한 표

보통 학생들의 대답은 다음의 괄호 안과 같다.

색타일의 수에 대하여 가장자리를 둘러싸고 있는 부분의 타일의 수와 가장자리 부분을 둘러싸고 있는 타일의 수에 대한 갈색 타일의 수에 대하여 생각해 보게 하시오. 보통 학생들의 대답은 다음의 괄호 안과 같다.

- 자신의 답이 옳은지 어떻게 아는가?
  (가장자리를 둘러싸고 있는 부분의 한 변에 있는 흰색 타일은 앞뜰의 번호보다 2 크다.
  예 : 앞뜰 3에서, 한 변의 타일의 수는 5이다.
  중앙에 있는 정사각형의 한 변의 갈색 타일의 수는 앞뜰의 번호와 같다.
  예 : 앞뜰 2에서, 한 변에 있는 갈색 타일의 수는 2이다.)

- 타일의 개수를 어떻게 세었는지 그 방법을 쓰시오.
  (총 갈색 타일의 수 = [앞뜰의 번호]×[앞뜰의 번호]
  예 : 앞뜰 4에서, 갈색 타일의 수=4×4=16)
  (총 흰색 타일의 수 = 4×[앞뜰의 번호]+4
  예 : 앞뜰 3에서, 흰색 타일의 수=4×3+4=16)

- 어떤 패턴을 발견했는가? 앞뜰 타일의 수와 가장자리를 둘러싸고 있는 타일의 수 사이의 규칙은 무엇인가?
  (앞뜰 타일의 수 = [앞뜰의 번호 +2]×[앞뜰의 번호 +2]
  예 : 앞뜰 2에서, 4×4=16개의 타일이 앞뜰에 있다.
  가장자리를 둘러싸고 있는 타일의 수 = [앞뜰에 있는 총 타일의 수]−[갈색 타일의 수]
  예 : 앞뜰 3에서, (5×5)−(3×3)=25 9=16개의 흰색 타일이 가장자리에 있다.)

■ 앞뜰에 대한 또 다른 예를 가지고 나만의 규칙을 검토하시오.
(앞뜰 4를 생각해 보자. [뜰에 놓일 총 타일의 수]–[갈색 타일의 수] =[(4+2)×(4+2)]–(4×4)=(6×6)–(4×4)=36–16=20장의 흰색 타일이 가장자리에 있다.)

■ 36장의 갈색 타일이 있다면, 흰색 타일은 몇 장이 있게 될까? 그 답을 어떻게 구했는지 설명하시오.
(36장의 갈색 타일이 있다면, 중심 부분의 정사각형은 6×6일 것이다. 따라서 한 변에 있는 흰색 타일의 수는 갈색 타일의 수보다 2장 더 많을 것이다. 그러므로, 총 타일의 수는 8×8=64장이다. 따라서 64–36=28이므로 흰색 타일은 28장이다.)

■ 갈색 타일이 49장 있도록 만들 수 있는가? 어떻게 만들 수 있는지, 아니면 왜 만들 수 없는가?
(네. 중심 부분[갈색]의 정사각형이 7×7이 되도록 만들 수 있습니다. 왜냐하면 49는 제곱수이기 때문입니다.)

5학년 학생들은 각각의 타일의 수와 배열에서 정사각형 앞뜰의 번호와의 관계를 새로운 방법으로 표현할 수 있다. 함수를 보다 명확하게 강조할 수도 있다.

■ 표를 확장해서 여섯 번째 앞뜰의 번호를 써 보시오(그림 1.8에서 자료를 조직하여 표로 나타내었다).

그림 1.8
학생들이 자료를 조직하기 위해 만들 수 있는 표

앞뜰의 번호	갈색 타일의 수	흰색 타일의 수	갈색 및 흰색 타일의 총 수
1	1	8	9
2	4	12	16
3	9	16	25
4	16	20	36
5	25	24	49
6	36	28	64

■ 표의 각 정사각형 앞뜰에 갈색 타일이 몇 개인지를 나타내는 그래프를 그리시오. 표에 각 정사각형 앞뜰에서 흰색 타일의 수를 나타내는 그래프를 그리시오(그림 1.9의 그래프이다).

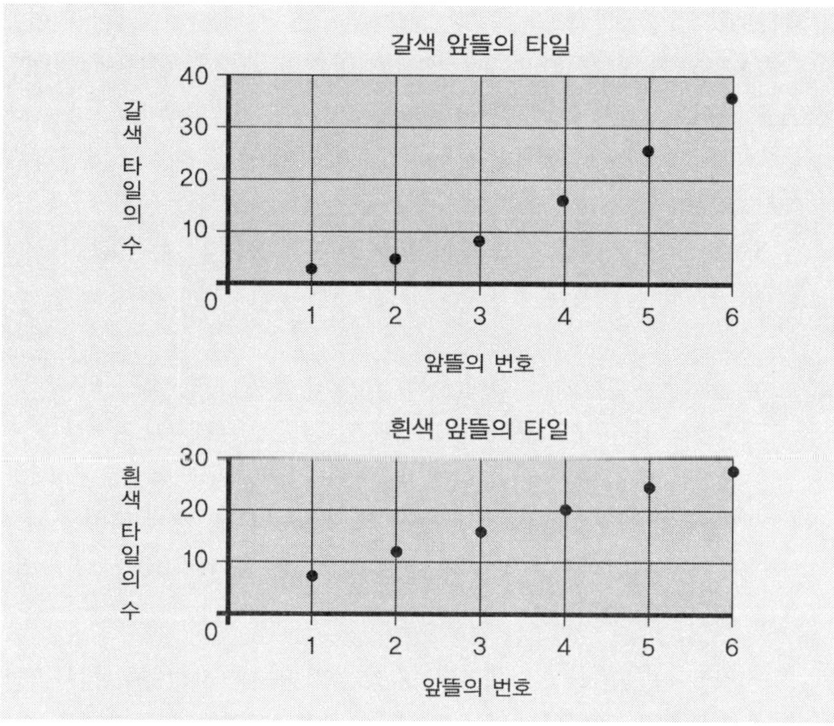

그림 1.9
앞뜰 1–6에 있는 갈색 타일의 수와 흰색 타일의 수를 나타내기 위해 만들 수 있는 그래프

■ 앞뜰이 커질수록 흰색 타일의 수는 어떻게 변하는가? 그리고 갈색 타일의 수는 어떻게 변하는가? 이러한 관계에 대하여 어떤 규칙을 찾았는가? 표와 그래프에서 이 규칙들은 어떻게 나타나는가?

(앞뜰이 넓어질수록 흰색 타일의 수는 4개씩 증가하며, 그래프 상에서는 직선으로 나타난다. 갈색 타일의 수는 매회 제곱씩 증가한다. 그래프는 직선이 아니라 곡선으로 나타난다[학생들은 상위 학년에서 곡선은 이차함수 그래프임을 배우게 될 것이다].)

교환법칙, 결합법칙, 분배법칙의 속성을 밝히고 이 법칙들을 사용하여 0과 자연수의 계산을 하라.

■ 그래프를 보고 일곱째 번 앞뜰에서 갈색 타일은 몇 개일지 구하시오.

(일곱째 번 앞뜰에 갈색 타일은 49개이다.)

기하 패턴과 수 패턴에 대하여 설명하고, 확장하고 일반화하라.

■ 갈색 타일의 수는 항상 흰색 타일의 수보다 많은가?
(네, 앞뜰 5에서부터 갈색 타일의 수는 흰색 타일의 수보다 더 많게 된다.)

확장하기

3학년과 4학년에서 학생들은 자신이 발견한 패턴을 설명하고자 규칙을 언어로 나타낸다. "앞뜰이 점점 넓어질수록, 흰색 타일의 수와 갈색 타일의 수는 어떻게 변하는가? 관계가 갖는 규칙은 무엇인가?"라고 질문하시오.

5학년에서는 앞뜰의 크기가 넓어질수록 문제가 점점 복잡하게 된다.

■ 15째 번 앞뜰에서 갈색(흰색) 타일의 수를 구하시오. 30째 번 앞뜰에 대하여도 구하고, 100째 번 앞뜰에 대해서도 구하시오.
(15째 번 앞뜰의 경우 갈색 타일은 225개, 흰색 타일은 64개이다. 30째 번 앞뜰의 경우 갈색 타일은 900개, 흰색 타일은 124개이다. 100째 번 앞뜰의 경우 갈색 타일은 10000개, 흰색 타일은 404개이다.)

■ 갈색 타일이 총 144개라면, 가장자리 둘레를 포함하여 정사각형 앞뜰의 한 변의 길이는 얼마인가? 가장자리에 사용될 흰색 타일은 몇 장이나 필요한가?
(앞뜰 전체의 한 변의 길이는 14이다. 갈색 정사각형의 한 변의 길이는 12이다. 앞뜰의 가장자리의 흰색 타일은 52개가 필요하다.)

■ 가장자리 부분에 정확히 25개의 흰색 타일이 사용되는 정사각형 앞뜰을 만들 수 있는가? 가능한지 그렇지 않은지에 대한 이유를 설명하시오.
(불가능하다. 흰색 타일의 수에 대한 한 가지 규칙은 [(앞뜰의 번호)×4]+4이다. [(앞뜰의 번호)×4]+4=25가 될 앞뜰의 번호는 없다.)

여기에는 학생들이 패턴에 대한 물리적 표현과 언어 또는 그래프로 나타낸 것 간에 연결을 지어볼 수 있는 활동이 포함되어야 한다.

변수들 간의 상호작용은 여기서 비형식적으로 설명된 근간이 되는 수학적 아이디어가 된다. 학생들이 이러한 일반화의 '언어' 대수적 식을 만들어 내도록 돕기를 희망할 수도 있다. 다음은 학생들이 만들어 낸 일반화의 한 예이다.

Austin과 Biafore의 논문인 '둘레의 패턴' (1995)은 부가적인 활동에 대한 아이디어를 제공한다.

- "나는 한 변의 길이를 곱해서 정원에 깔릴 타일의 수를 구했어요." (3학년 학생)
- "나는 앞뜰의 번호를 두 번 곱해서 갈색 타일의 수를 구했어요."(4학년 학생)
- "앞뜰에 필요한 총 타일의 수를 구할 때, 정원의 한 변의 길이에 2를 더하고 이 수를 두 번 곱했어요."(5학년 학생)

이러한 활동에 대한 패턴은 표 1.1에 나타나 있다.

[표 1.1] 앞뜰에 타일깔기 문제에서 타일의 수

앞뜰의 번호	갈색 타일의 수	흰색 타일의 수	총 타일의 수
1	1	8	9
2	4	12	16
3	9	16	25
4	16	20	36
5	25	24	49
6	36	28	64
•	•	•	•
•	•	•	•
•	•	•	•
n	n^2	$4(n+1)$	$(n+2)^2$

교사가 학생들로 하여금 일반적인 패턴 n, n^2, $4(n+1)$, $(n+2)^2$을 나타내도록 어떻게 고무하는가? 학생들이 패턴을 일반화하도록 돕는 과정은 다음과 같은 질문으로 유도될 수 있다.

'대수의 기본을 탐구하기 : NAEP에 제시된 4학년용 패턴들' (Kenney and Silver, 1997)을 보면 교육과정의 이 부분에 대한 평가에 대하여 심사숙고하게 된다.

- 그 상황에서 식은 무엇인가? 변하는 양은 무엇인가?
- 관련된 식은 어떠한가?
- 단어, 구체적 사물, 그림, 표, 그래프, 기호 등을 써서 변수들 간

의 관계를 나타낼 수 있는가?

- 표현들 간의 관계를 어떻게 나타낼 수 있는가?
- 변수들 간의 관계를 보면 패턴이 어떻게 진행될지 예측할 수 있는가?

평가 아이디어

모든 학년에서 과제 및 문제를 사용하여 학생들이 활동에 포함된 개념을 이해할 수 있는 비형식적 평가를 할 수 있다.

흰색 타일의 수 패턴은 일차함수로 만들 수 있다. 학생들이 탐구하는 다른 일차함수에는 지름의 길이가 다양한 원주와 여러 가지 동일한 잡지의 가격에 대한 내용이 포함되어 있다. 갈색 타일의 수가 갖는 패턴은 이차함수의 형태이다.

후속활동

3–4학년에서 흰색 타일은 일차 패턴, 즉 일차함수가 된다는 패턴을 학생에게 말해주고 싶을 것이다. 비록 학생들이 그러한 증가 패턴의 명칭을 모른다고 할지라도 말이다. 또한 갈색 타일은 흰색 타일보다 '훨씬 더 급격하게 늘어나는' 패턴을 갖는다는 것을 지적할 수도 있다.

변화하는 패턴

변화하는 패턴은 수열 증가 또는 감소를 보여 줄 수 있다. 그림 1.10에 있는 감소하는 패턴의 예를 살펴보자. 먼저, 이쑤시개 10개를 사용하여 배열하고, 한 번에 한 개의 사각형을 제거한 결과로 나타나는 패턴을 살펴본다고 가정하자. 이 결과 값은 표 1.2에서 볼 수 있다. 학생들은 "패턴을 설명하기 위해 사용할 수 있는 규칙은 무엇이죠?"라고 묻는다(사각형 한 개를 제거할 때마다 이쑤시개는 3개씩 줄어든다.) 이 패턴은 3n+1 또는 "이쑤시개의 개수를 구하기 위해서는 사각형의 수 곱하기 3 하고 1을 더한다."라고 다르게 설명된다. 이러한 패턴들은 학생들이 수학적 변화를 분석하도록 돕는다.

[표 1.2] '증가하는' 감소 패턴에서 정사각형과 이쑤시개의 수

정사각형의 수	이쑤시개의 수
3	10
2	7
1	4

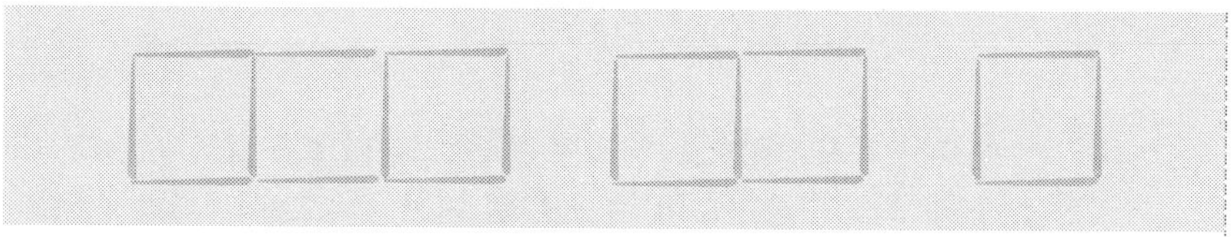

그림 1.10
이쑤시개로 표현한 '변화하는' 감소 패턴

4–5학년 학생들이 탐구한 그림 1.11에 있는 사각형들의 패턴은 보다 복잡하게 증가하는 패턴을 설명한다. 첫 번째 사각형은 두 개의 정사각형으로 만들어져 있다. 이것을 2개에 한 개 또는 2×1 사각형으로 설명할 수 있다. 다음 사각형은 3×2이고, 다음 사각형은 4×3이다. 우리는 첫 번째 숫자가 사각형의 가로를 나타내고 두 번째 숫자가 사각형의 세로를 나타냄을 알 수 있다. 패턴을 확장하면 다음과 같이 됨을 알 수 있다. 2×1, 3×2, 4×3, 5×4, 6×3, 7×6, …. "이러한 패턴들에는 무슨 일반적인 규칙이 있니?"라고 물어 보아라(바로, (n+1)×n이다. n은 수열의 단계가 되는 수이다).

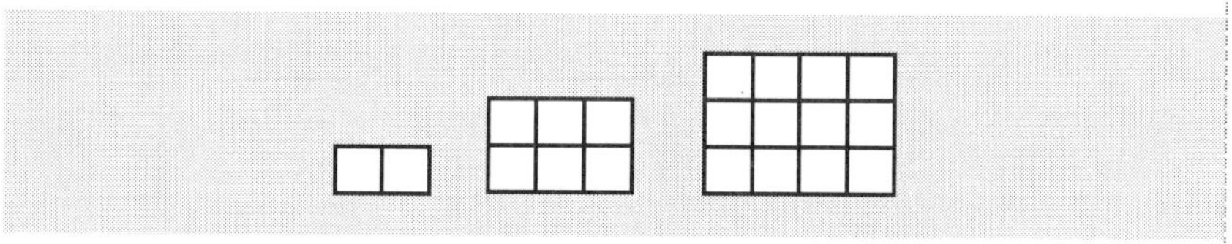

그림 1.11
보다 복잡하게 증가하는 패턴

4학년이나 5학년 학생들은 수열의 각 단계에 있는 사각형의 수의 패턴을 시험해 볼 수 있다. 2, 6, 12, 20, 30, 42, …. 표 1.3에 있는 패턴을 지적하고 다음과 같은 질문을 하여라.

- 이 패턴들의 일반적인 규칙을 어떻게 표현할 수 있을까?(2의 배수 중에서 증가하는 값에 주의하여라.)(이 예에서 규칙은 (n+1)n이다.)
- (표의 3번째 세로행에 학생들의 주의를 집중하여라.) 수열에서 성공적인 단계들 사이에서 사각형의 수의 차이를 표현하는데 사용할 수 있는 규칙은 무엇인가?(단계들 사이의 차이는 2n으로써 표현할 수 있다.)
- 10번째 사각형에 있는 정사각형의 수를 표현하기 위해 우리가 사용할 수 있는 식은 무엇일까?((10+1)×10)

[표 1.3] 증가 패턴에서의 정사각형의 수

단계	정사각형의 수	단계별 정사각형 수의 차
1	2	–
2	6	6–2=4
3	12	12–6=6
4	20	20–12=8
5	30	30–20=10
6	42	42–30=12
7	56	56–42=14
n	?	?

감소하는 수열의 다음 예를 살펴보자.

마라톤 선수는 목표지점으로 달리는 동안 일정한 속도를 유지한다. 마라톤 선수의 코스 주행시간과 각 시간별 남은 거리는 표 1.4와 같다.

이 예를 학생들에게 제시하고 다음 질문을 하여라.

- 남은 거리의 규칙은 무엇일까?(남은 거리는 2초마다 10미터씩 감소한다.)
- 마라톤 선수가 주행코스를 완주하는데 걸리는 시간은 얼마일까?(마라톤 선수가 완주하는 데에 13초 걸린다.)

E-Standards에서는 좌표상에서 그래프 그리기를 가르치고 강화시키는 적어도 3개 이상의 예들을 포함한다.

[표 1.4]

주행 시간	남은 거리
2s	55m
4s	45m
6s	35m
8s	25m
10s	15m
⋮	⋮

이 예는 한 변수의 변화(주행 시간)가 두 번째 변수(남은 거리)의 감소와 어떤 관계가 있는지를 설명해 준다. 학생들이 감소하는 패턴을 명확하게 알 수 있도록 하는 한 방법은 그림 1.12와 같은 그래프를 통해서 알아보는 것이다.

그림 1.12 경주에서 남아 있는 시간에 따른 남은 거리

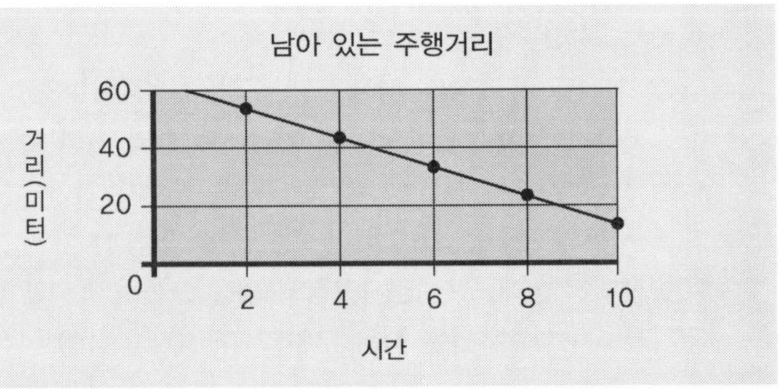

증가하는 패턴과 밀접한 관련을 갖는 규칙은 함수이기 때문에 이러한 패턴은 학생들에게 수학적인 함수에 대한 아이디어와 함수에서의 변수의 관계에 대해 소개하는데 사용될 수 있다.

3-5학년 학생들은 변수의 두 가지 형태의 관계를 잘 알고 있다. 하나는 한 변수가 변함에 따라 다른 변수도 같은 방향으로 변한다는 간단한 관계와 밀접한 관련이 있다. 여러분은 아마도 다음의 것들을 포함하여 학생들에게 설명할 것이다.

■ 가열 시간에 따라서 물의 온도가 증가하고 있다.

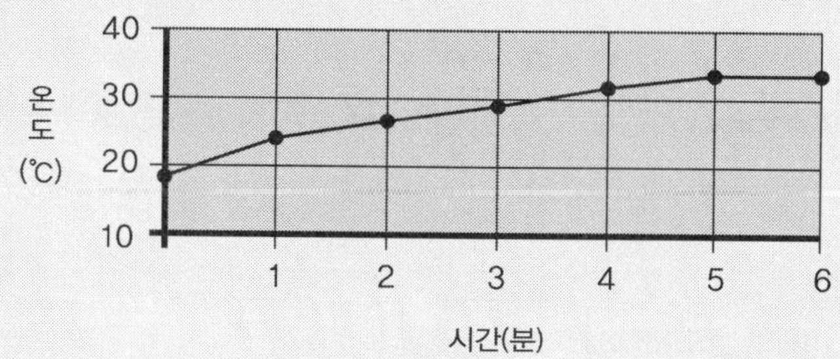

그림 1.13
가열에 따른 물의 온도

■ 성장에 따른 강아지의 무게

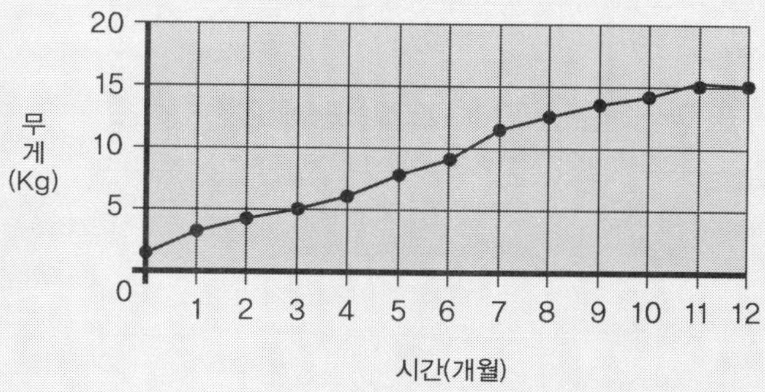

그림 1.14
성장에 따른 강아지의 무게

■ 돈의 증가에 따른 살 수 있는 야구 카드의 수

그림 1.15
살 수 있는 야구 카드의 수

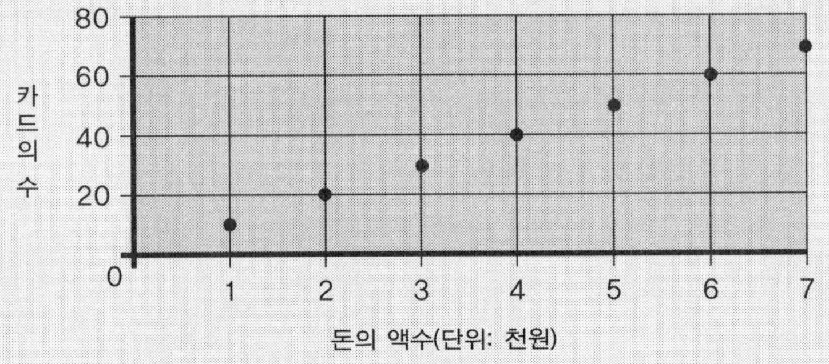

다른 관계에서 하나의 변수는 다른 변수가 감소함에 따라 균등하게 감소한다. 다음을 생각해 보아라.

■ 냉동고 안에 있는 시간 증가에 따른 작은 용기 안에 담겨 있는 물의 온도 변화(그림 1.16)

그림 1.16
변하는 물의 온도

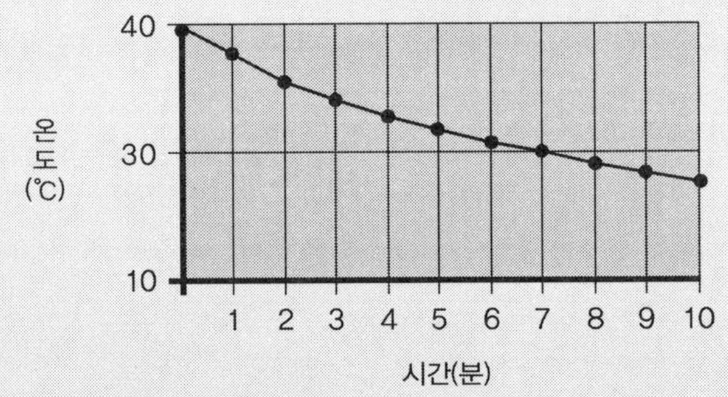

■ 여행하는 시간 증가에 따른 일정한 속도로 목적지로 여행할 때 도달해야 하는 거리(그림 1.17)

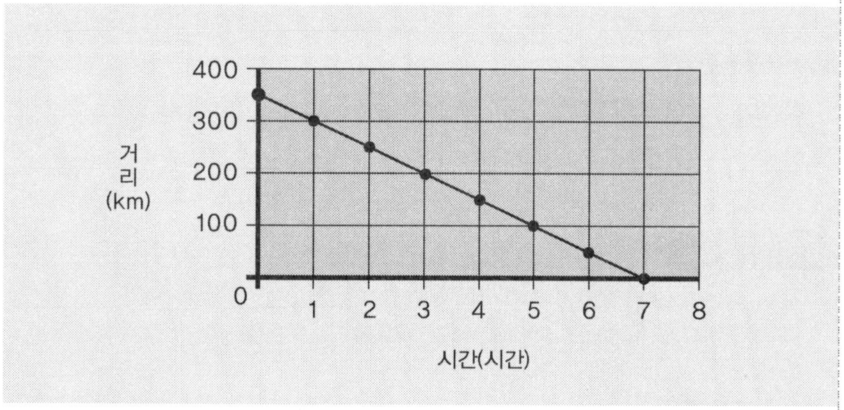

그림 1.17
남아 있는 여행 거리

■ 8천원으로 구입한 야구 카드 수의 증가에 따른 남은 돈의 양(그림 1.18)

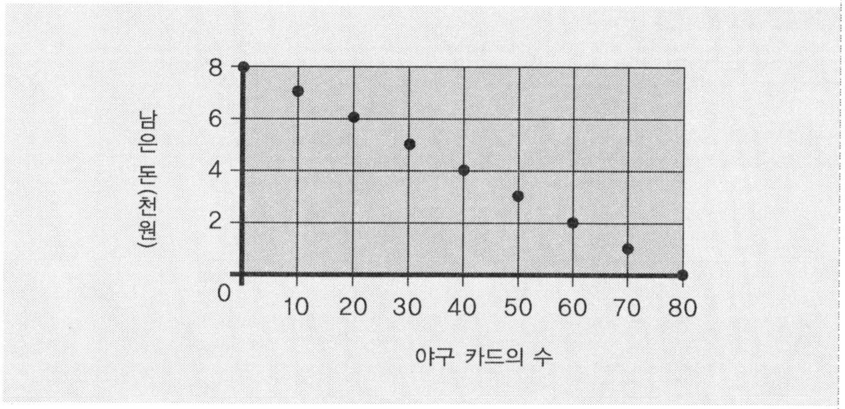

그림 1.18
야구 카드를 산 후에 남은 돈

모든 이러한 관계는 수학에서 기본 아이디어의 변화를 설명한다. 학생들은 변화가 종종 예측 가능하고 변화를 설명하는데 도움이 되는 패턴을 알아야 한다. 다음 활동은 변화를 포함하는 상황을 언급하고 이는 학생들에게 값 간의 관계에 대해 탐구하고 토론할 기회를 제공한다.

증가하고 감소하는 패턴

학년 3-4

하나의 변수가 다른 변수와 관련하여 어떻게 변하는지 탐구하라.

일정한 경우나 변화의 다양한 비율의 상황을 규명하고 설명한 후 비교하라.

91쪽

학습 목표

학생들은 변화율이 일정한 또는 변하는 상황을 확인하고 분석할 것이다.

사전 지식

학생들은 가치표를 조사하고 패턴을 확인하는 경험을 했고, 표에 있는 데이터를 나타내는 그래프를 그렸다.

학습 자료 및 교구

준비물은 없다. 부록의 '증가하고 감소하는 패턴'을 복사하여 모둠별로 한 장씩 사용하도록 하라.

학습 환경

3~4명의 소그룹으로 교실 활동을 하라.

활동

도입하기

부록에 있는 리카르도의 성장 차트를 학생들에게 제시하라(그림 1.19에도 제시되었음). 그 차트는 5세 초기인 한 소년의 키를 보여준다(우리는 리카르도가 5세부터 10세까지 매년 7cm씩 성장했다고 가정하고 있다). 학생들이 표의 '성장' 열을 완성하도록 해라. 학급이 이 과제를 완성했을 때, 그들에게 리카르도의 성장에서 어떤 변화를 보았는지를 물어보아라. 토의를 이끌기 위해서 다음과 같은 질문들을 사용하라.

- 어떤 패턴을 보았는가? 그것들이 이해가 가는가?
- 표에서 다른 성장 패턴을 보이는 것은 몇 살인가?
- 몇 살에 리카르도는 가장 빨리 성장하였는가? 가장 느리게 성장한 때는?

리카르도의 성장표의 해결책

- 리카르도는 5세에서 10세 사이에 해마다 7cm씩 자랐다. 그리고 10세에 그는 14세이 될 때까지 1년에 11cm씩 자랐다. 14세에서 15세 사이에 그의 성장은 4cm로 느려졌다.
- 규칙은 10세 그리고 14세에 변화했다.
- 리카르도는 10세에서 14세까지 가장 빨리 자랐다. 그는 14세에서 15세 사이에 가장 느리게 자랐다.
- 답은 다양할 것이다. 학생들이 자신만의 성장 패턴을 생각하도록 하라.

나이(년)	높이(센티미터)	성장(센티미터)
5	92	
6	99	7
7	106	
8	113	
9	120	
10	127	
11	138	
12	149	
13	160	
14	171	
15	175	

그림 1.19
리카르도의 성장 차트

- 이것은 사람이 성장하는 방법인가?

탐구하기

부록은 다음 상황에 대한 세 종류의 자료를 제시한다. 학생들은 패턴의 변화를 다루는 질문에 대답하기 위해 자료를 검토할 것이다. 학생들에게 상황을 구두로 제시하라. 학생들이 소그룹에서 토의하도록 하라. 그들은 학습지에 답을 기록하기 위하여 한 학생을 지정해야 한다.

상황 1 : 자동차 여행. 로빈슨 가족은 친지를 방문하기 위하여 여행을 하고 있는 중이다. '증가하고 감소하는 패턴'에 관한 표(그림 1.20)는 그들이 여행할 때의 주행 마일수와 주유 탱크에 남아 있는 가솔린의 양을 나타낸다.

(학년 수준에 맞는 상황을 만들기 위해, 우리는 여행하는 동안 속도율이 일정하다고 가정한다.) 학생들에게 다음의 질문을 해라.

- 어떤 패턴이 있는가?
- 여행한 거리가 증가함에 따른 남은 가스의 양을 설명하기 위하여 당신은 어떤 규칙을 사용할 수 있는가?

자동차 여행에 대한 해결책

- 패턴: 더 많은 마일을 운전할수록 더 적은 가스가 남는다. 가스는 여행을 하는 50km 구간마다 2L씩 감소한다. 탱크에 남아 있는 L의 값은 2의 배수이다.
- 규칙: 연속적인 50km 구간마다 남아 있는 가스의 L에서 2를 빼라.

그림 1.20

주행거리(km)	남은 연료(L)
0	14
50	12
100	10
150	8
200	6
250	4
300	2

욕조에 물 채우기에 대한 해결책

- 패턴: 물의 높이는 3분마다 2인치씩 올라간다. 물의 높이에 대한 값은 2의 배수이다. 시간은 3분마다 체크되고 있다.
- 물의 높이=2×3분 구간의 수 (첫째 구간은 1, 둘째 구간은 2, 등)

상황 2: 욕조에 물 채우기. '증가하고 감소하는 패턴'이 있는 표(그림 1.21에도 제시)는 당신이 욕조에 물을 채우기 시작하여 물이 가득 찰 때까지의 물의 높이를 간단히 보여준다.

학생들에게 다음을 제시하라.

- 어떤 패턴이 있는가?
- 목욕물통이 얼마나 빨리 채워지는지를 나타내는 규칙을 써 보아라.

그림 1.21

시간(분)	수위(cm)
3	2
6	4
9	6
12	8
15	10
18	12

상황 3: 자동차 경주. 철수와 영희는 경주용 자동차 모형을 만들었다. 그들은 자동차가 3초마다 이동한 거리를 기록했다. 그들은 '올라가고 내려가는 패턴'을 보이고 있는 표(그림 1.22에도 제시)를 교사에게 제출했다.

학생들이 여학생들의 자동차 경주에 대한 이야기를 쓰도록 안내하라.

철수의 경주 결과		영희의 경주 결과	
시간(초)	거리(미터)	시간(초)	거리(미터)
3	4	3	3
6	5	6	7
9	8	9	10
12	9	12	11
15	10	15	13
18	13	18	15
21	14	21	17
24	17	24	19

그림 1.22

- 철수의 자동차가 경주를 하는 동안에 이동한 거리를 설명하는 이야기를 써라(이야기를 시작하는 사람: 철수의 자동차는 첫 3초 동안 4m를 이동했다. 그리고…). 철수의 자동차는 언제 가장 빨리 갔는가? 또 언제 가장 느리게 갔는가?

(철수의 경주에 대해 제시된 이야기: 철수의 자동차는 처음 3초 동안에 4m를 이동했다. 그리고 나서 다음 3초 동안은 느려져서 1m를 이동했다. 다음 3초 동안, 이동 거리는 3m 증가했고, 9초과 12초 사이, 그리고 12초와 15초 사이에는 1m가 증가하여 떨어졌다. 남은 길에서 철수의 다음 구간에서 3m를 이동했고, 18초와 21초 사이에 1m 이동했다. 마지막 구간에서, 철수의 자동차는 3m를 이동하여, 경주를 한지 24초 후에는 총 17m를 이동했다.)

- 경주를 하는 동안에 영희의 자동차가 이동한 거리를 나타내는 이야기를 써라(이야기를 시작하는 사람: 영희의 자동차는 처음 3초 동안 3m를 이동했다. 그리고…). 영희의 자동차는 언제 가장 빨리 갔는가? 또 언제 가장 느리게 갔는가?

(영희의 경주에 대해 제시된 이야기: 영희의 자동차는 처음 3초 동안 3m를 이동했다. 그리고 나서 다음 3초 구간 동안 4m를 이동했다. 6초와 9초 사이에는 3m를 이동했으나, 다음 구간에서는 단 1m

이동했다. 그 후부터 경주가 끝날 때까지 3초마다 2m씩 갔다. 결국 24초 후에 자동차는 출발점으로부터 19m인 지점에 있었다.)

■ 두 모형 자동차가 이동한 거리에서 차이점은 무엇인가?

(영희의 자동차[19m]는 철수의 자동차[17m]보다 더 먼 거리를 이동했다. 12초 후에 3초 구간마다 2m씩 영희의 자동차는 일정하게 이동했다.)

확장하기

부록에 있는 각각의 표에 제시된 자료로부터 학생들이 각 이야기를 그래프로 나타내고 이름을 붙이도록 하라(그림 1.23에 있는 '자동차 경주' 에 대한 그래프를 보여 주어라). 그들에게 결과 그래프를 설명하고 비교하도록 해라(학생들은 '자동차 여행' 에 대한 선이나 그래프는 '내려가고', 욕조에 물채우기에 대한 선은 '올라간다' 등으로 이야기할 수도 있다).

그림 1.23 경주 자료의 그래프

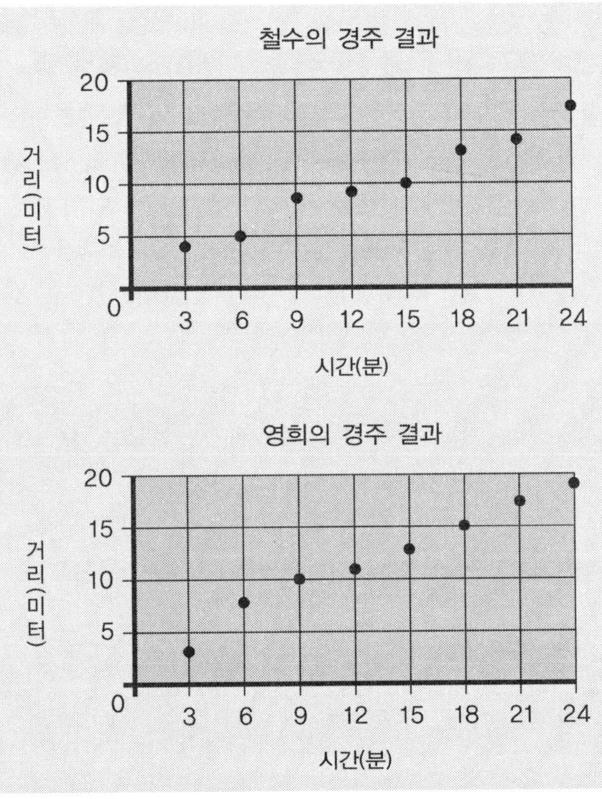

평가 아이디어

학생들에게 시간-거리의 관계를 나타내는 선 그래프 하나를 제공하라. 그리고 그래프가 나타내는 것에 대한 이야기를 쓰도록 하라.

후속활동

학생들은 그들이 하나의 변수의 변화가 두 번째 변수의 변화에 어떻게 관련이 되는지를 조사할 수 있는 다양한 상황을 접해야만 한다. 학생들이 알아낸 패턴을 나타내는 규칙의 생성을 강조하라. 그리고 그 규칙과 상황에 대한 그래프를 비교하는 것을 강조하라.

그래프 이야기

3학년

학습 목표

- 변수 사이의 관계 탐구하기
- 직선그래프 상에 표현된 관계 해석하기

사물을 가지고 상황을 모델화하고 결론을 얻기 위해 그래프, 표, 식과 같은 표현을 사용하라.

변화가 일정한 경우나 변화가 다양한 비율의 상황을 규명하고 설명한 후 비교하라.

사전 지식

학생들은 표 안의 변수들의 값을 좌표상의 직선으로 나타내 보아야 한다. 그리고 변수와 그래프 모두에서의 변화를 설명해보는 경험을 해보도록 한다.

학습 자료 및 교구

'그래프 판' 의 복사본을 사용하여 학생들에게 각각 한 장씩 나눠준다.

학습 환경

학생들에게 개별적으로 각 칸을 채우도록 한 후에 각 칸에 쓴 내용을 비교하여 보고 서로 공유하도록 한다.

활동[1]

93쪽

도입하기

다음 이야기로 활동을 소개한다.

> 어떤 건설회사에서 수영장 공사를 끝냈다. 조사담당자가 건설업자에게 수영장에 빈틈이 있는지 알아보기 위해 물을 모두 채운 후에 다시 빼라고 요구했다. 건설업자가 물을 채우기 시작한 시각부터 물이 모두 빠진 시각까지 수영장 안의 물의 양을 나타내는 그래프를 살펴보자.

평균 크기의 수영장은 약 9만 6000리터의 물을 넣을 수 있다. 문제를 간단히 하여 그 자료가 매시간 4000리터의 비율을 갖고 있음을 보인다.

학생들에게 '그래프 이야기'의 검은 판의 맨 위에 있는 그래프에 주의를 기울이도록 하라. 그런 다음 이에 대해 다음과 같은 질문을 한다. 그래프 위의 직선이 왜 다양한지를 알기 위해 복사본 위의 표를 이용한다.

학습지에 대한 해답

이야기 1은 C그래프에 해당한다. 클럽의 멤버(y축 값)가 늘어남에 따라 쓰레기(x축)를 줍는 시간이 줄어든다.

이야기 2는 그래프 A에 해당한다. 그래프의 곡선은 물의 높이(낮은 수위에 대해 y축의 낮은 값과 높은 수위에 대해 y축의 높은 값을 나타내는)를 반영한다.

이야기 3은 D그래프에 해당한다. 주자는 출발점에서 시작하여 속도가 매우 빨리 늘어난다(그래프가 올라감). 곡선은 주자가 천천히 달리다가 나중에 속도가 늘어나고 있음을 보여준다. 마지막으로 주자가 멈춘다(그래프가 x축에서 끝남).

- 어떤 화살표 또는 좌표축이 물의 양을 나타내는가?(수직인 축) 어떤 직선 또는 축이 시간을 나타내는가?(수평인 축)
- 그래프의 어느 부분이 물이 채워지고 있는 수영장을 나타내는가?(처음 24시간) 그 직선이 무엇으로 보여주는가?(물의 양이 증가한다.)
- 그래프의 어느 부분이 물이 빠지고 있는 수영장을 나타내는가?(둘째 번 24시간) 그 직선이 이를 어떻게 보여주는가?(물의 양이 감소한다.)
- 물의 양은 어떤 패턴을 갖는가?(같은 비율로 증가 또는 감소한다. 이것은 일차의 함수이다.)
- 그래프 상에서 보여지는 패턴은 어떠한가?(그래프 상의 점들은 직선을 따라 놓여 있다.)

그 표에는 매시간 수영장에 들어가는 물의 양을 나타낸 값이 나타나 있지 않음에 주의하라. 학생들이 두 번째 표의 빈칸을 채울 수 있

---

[1] 이 활동은 Randall I. Charles와 Carne S. Barnett의 《대수 전단계의 문제해결 경험》(Menlo Park, Calif.: Addison-Wesley Publishing Co., 1992, p. 40)을 약간 변형한 것이다.

도록 도와주도록 한다. 이 표에서는 매시간 4000리터라는 일정 비율로 수영장의 물이 빠지는 값을 보여준다.

탐구하기

'그래프 이야기' 안에 있는 세 가지 상황에 대해 주의를 환기시킨다. 학생들에게 각각의 상황에 가장 알맞은 그래프를 선택하도록 하고 각각의 축들에 이름을 붙이도록 한다. 또 그 그래프가 각 상황에 가장 적합한 이유를 쓰도록 한다. 그래프들 중의 하나는 이야기들 중의 어떤 것에는 알맞지 않음을 설명하도록 한다.

확장하기

학생들에게 선 그래프를 수반하는 그들 자신의 이야기들을 써보도록 한다. 그 이야기가 그래프와 어떻게 연관되어 있는지 알 수 있도록 설명도 쓰도록 한다.

평가 아이디어

이러한 연습문제들을 통해 평가 작업에 도움을 받을 수 있다. 학생들이 각 이야기(시간, 수위, 속도, 거리 등)에서의 변수들 중 하나의 변화값이 나머지 다른 하나와 어떻게 연관되는지에 대해 설명하는 방법에 주의를 기울이도록 한다.

후속활동

대응되는 그래프를 사용하여 나타낼 수 있는 상황들을 계속해서 탐구하도록 한다. 하나의 변수 값은 나머지 다른 하나의 값이 또한 증가함에 따라 증가하는 상황을 보여주는 그래프들을 제시하게 한다. 예를 들어, 일정 기간 이상 저축된 돈의 양, 가열되고 있는 물의 온도, 어떤 학생이 과자를 더 많이 구입함에 따라 소비되는 돈에 따른 남는 돈의 양, 바닥에 떨어지는 물체의 거리 등이 있다.

최고 거래는 무엇인가?

학년 4-5

학습 목표

기하학적이고 수적인 패턴을 설명하고, 확장하고, 일반화하라.

- 학생들은 주어진 패턴을 위해 표 값을 만들 수 있다.
- 학생들은 주어진 표 값을 그래프로 나타낼 수 있다.
- 학생들은 그래프의 모양(직선, 곡선)을 토의할 수 있고, 그래프가 그 패턴의 '성장'에 대해 무엇을 말하는지 말할 수 있다.

사전 지식

일정한 경우나 변화의 다양한 비율의 상황을 규명하고 설명한 후 비교하라.

3학년에서 학생들은 주어진 패턴 함수에 대한 표 값을 구성한 경험을 가지고 있어야 한다. 5학년 때까지 학생들은 좌표에서 그래프 그리는데 익숙해져 있어야 한다.

학습 자료 및 교구

95쪽

- 각각의 학생이나 짝을 위한 '최고 거래는 무엇인가'라는 학습지 복사본
- 그래프 함수를 그릴 수 있는 센티미터 그래프 종이

학습 환경

이 활동은 개인 학생들이나 짝을 지어 할 수 있다.

활동

도입하기

학습지 복사본을 나누어주고 제시된 상황을 토의해라.

> 당신이 일하는 비디오 게임 회사의 직장 상사가 당신에게 2가지 봉급 계획안의 선택권을 주었다. 당신은 어떤 선택이 당신에게 1000(천원)의 목표를 더 빠르게 도달하도록 허락할지 결정해야 한다. 여기 두 가지 선택이 있다.
>
> - **선택 1** : 당신의 봉급은 매일 두 배가 될 것이다. 당신은 첫째

날은 1(천원)을, 둘째 날은 2(천원)을, 셋째 날은 4(천원)을, 넷째 날은 8(천원) 등을 벌게 될 것이다.

- **선택 2** : 당신의 봉급은 매일 3(천원)씩 오를 것이다. 당신은 첫째 날은 3(천원), 둘째 날은 6(천원), 셋째 날은 9(천원), 넷째 날은 12(천원) 등을 벌 것이다.

당신의 봉급을 받는 두 가지 방법 중 어느 것이 당신에게 1000(천원)을 빨리 벌게 해주겠는가?

학생들에게 그들은 그들이 각각의 선택을 구성하는데 그래프를 설명함으로써 그들의 봉급 계획안 선택을 뒷받침할 필요가 있다고 말해라.

탐구하기

첫째, 학생들에게 각 선택을 위한 표를 완성하도록 시켜라 (학습지와 그림 1.24를 보아라). 그러고 나서 그들에게 다섯 째 날까지 번 돈을 세는 것을 멈추라고 말해라. "어떤 선택이 이 점에 도달하는 가장 좋을까?" 라고 질문해라. (선택 2) 왜? (선택 1로는 31(천원)만 벌 수 있지만 선택 2로는 총 45(천원)을 벌 수 있다.) 그들에게 봉급 계획의 선택을 정당화할 수 있는 짧은 글을 쓰게 해라. 다음, 학생들에게 10일까지 벌 수 있는 봉급을 계산하게 해라. 다음 질문을 해라.

학생들은 다음을 발견해야 한다.

- 선택 1을 사용하여 그들은 10일째 되는 날 총 1000(천원)의 돈을 벌 수 있다.
- 선택 2를 사용하여 그들은 16일째 되는 날 총 1000(천원)의 돈을 벌 수 있다.

그래서 그들은 선택 1을 사용할 때 목표에 더 빨리 도달 할 수 있을 것이다.

- 어떤 선택이 가장 좋은가? (선택 1) 왜? (선택 2로는 총 165(천원) 벌 수 있지만 선택 1로는 총 1023(천원)를 벌 수 있다.)
- 어떤 일이 일어났나? (벌어들인 돈은 선택 1에서 더 빠른 비율로 축적되고 있다.)

학생들에게 선택 각각에 대한 총 수입을 그래프로 그리게 해라. 만일 가능하다면, 그들이 이와 같은 질문을 토의할 수 있도록 그들에게 좌표 위에 두 그래프를 놓도록 시켜라.

- 선택 1은 선택 2보다 며칠 동안 더 많은 총 수입을 만들어내는가? (선택 1은 7일부터 더 많다. 총 수입은 6일째 같다.)

그림 1.24
매일의 봉급과 두 가지 봉급 계획안에 대한 총 수입을 보여주는 표(단위: 천원)

선택 1			선택 2		
일	매일 봉급 (천원)	총 수입 (천원)	일	매일 봉급 (천원)	총 수입 (천원)
1	1	1	1	3	3
2	2	3	2	6	9
3	4	7	3	9	18
4	8	15	4	12	30
5	16	31	5	15	45
6	32	63	6	18	63
7	64	127	7	21	84
8	128	255	8	24	108
9	256	511	9	27	135
10	512	1023	10	30	165
⋮	⋮	⋮	⋮	⋮	⋮
n	2^{n-1}	2^n-1	26	78	1053
			⋮	⋮	⋮
			n	$3n$	$3[(n/2)(1+n)]$

몇몇 학생들은 좌표계 그래프를 어떻게 그리는지 모를 수도 있다. 이것은 그들에게 소개할 수 있는 훌륭한 기회가 될 것이다.

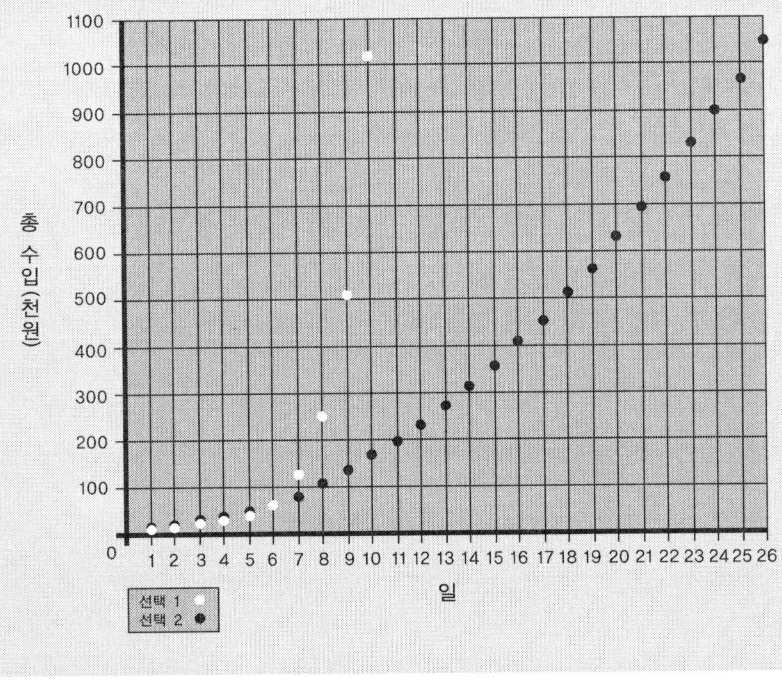

그림 1.25
2개의 봉급 계획에 의한 총 수입의 그래프
(단위: 천원)

그 목표에 더 빨리 도달할 것이다.

몇몇 학생들은 좌표 그래프를 그리는지 모른다. 이것은 그들에게 그것을 소개하는 훌륭한 기회이다.

(왜냐하면 선택 1이 매일 수입의 2배씩 늘어나는 것에 반해, 선택 2는 매일 3달러씩 증가하기 때문이다.)

- 어떤 형식 — 표 또는 그래프 — 에서 당신은 이 조사 결과를 의사소통하는데 사용할 수 있는가? 왜? (학생들에게 그들 선택의 표현에 대한 이유를 제시하도록 하라. 몇몇 학생들은 그래프를 선택할지 모른다. 왜냐하면 돈이 어떻게 증가하는지 알아보기 더 쉽기 때문이다. 다른 학생들은 당신이 그 돈이 매일 정확히 어떻게 증가했는지 알아볼 수 있게 하기 위해 표를 선택할지도 모른다.)

이런 학년 수준에 있는 학생들에게 일차함수와 지수함수의 규칙을 언어화하는 것은 어려울지도 모른다.
당신은 5학년 학생들이 그 규칙의 상징적인 표현을 개발하기 위해 시도하는 것을 원할지도 모른다.

확장하기

학생들에게 그 선택의 각각에 대해 10일 동안의 매일 봉급을 그래프로 그리게 해라(그림1.26). 다음과 같이 질문해라.

- 선택 1은 선택 2보다 며칠 동안 더 많은 매일의 봉급을 제공하는가? (5일)
- 선택 2는 선택 1보다 며칠 동안 더 많은 매일의 봉급을 제공하는가? (1–4일)

학생들에게 각각의 선택에 대한 매일 봉급을 위한 함수를 만들어내는 규칙을 써보게 하라. 학생들은 다음과 같은 규칙을 설명할 것이다.

- **선택 1** : 날 수에서 1을 빼고, 그 자체를 여러 번 곱한 것에 2를 곱한다.
- **선택 2** : 3일까지 그 날 수를 곱해라.

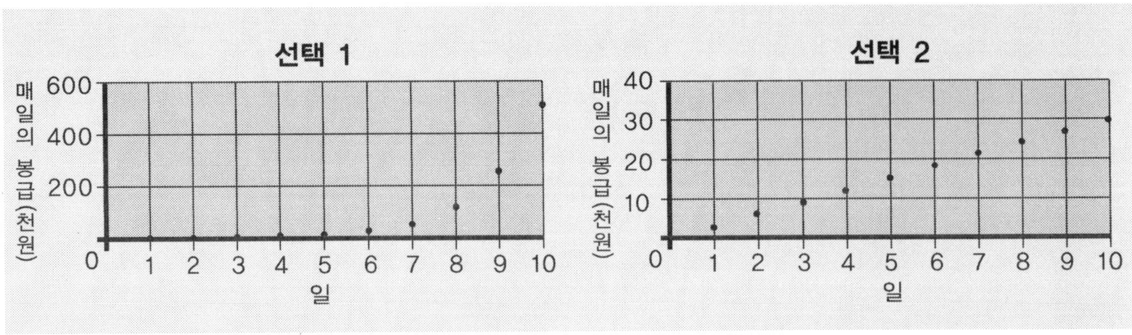

그림 1.26
두 가지 봉급 계획안의 각각에 대한 매일 봉급 그래프(단위: 천원)

평가 아이디어

이 활동은 비형식적인 평가를 위한 다양한 기회를 제시한다. 첫째, 어떻게 학생들이 표 값을 구성하는지 관찰하고, 참가자들이 그 봉급 계획을 따르는지 평가해라. 둘째, 좌표와 그래프에서 학생들이 점을 찍는 것을 평가해라. 끝으로, 때에 따라 다른 것에 대한 한 가지 봉급 계획안을 선택한 것을 정당화하는 학생들의 이유를 주의 깊게 들어라.

후속활동

학생들에게 그들 자신의 봉급 계획안을 만들도록 시켜라. 그것들을 공유하고 시험해서 어떤 계획안이 주어진 목표에 먼저 도달하게 하는지 결정해라. 당신은 또한 학생들이 상징적으로 봉급 함수를 표현하는 것에 대해 생각할 수 있도록 추가적인 기회를 제공해야 할지도 모른다.

만일 학생들이 총 수입을 결정하는 규칙을 쓰고자 시도하기를 원한다면, 선택 1에 대한 규칙은 $2n-1$로 표현될 수 있다. 선택 2에 대한 규칙 $3[(n/2)(1+n)]$은 3−5학년에 있는 대부분의 학생들의 능력을 벗어나는 것이다.

빠른 증가를 보여주는 이 문제의 또 다른 변형은 다음과 같다. 당신은 당신의 봉급이 1달러에서 시작해서 그 이후로 매일 두 배씩 된다고 들었다. 당신은 며칠만에 1000000(천원)을 벌 수 있는가? (20일)

CHAPTER
02

변수와 방정식

Navigations Series Grades 3-5

변수, 식, 방정식은 대수를 공부하는 데 있어서 중요한 개념이다. 대수에서 식은 변수와 다양한 산술 연산을 포함한다. 앞 장에서 다루었던 급여 방식의 일종인 일당 지급 규정 3n은 변수 n을 포함하는 대수식이다.

변수

변수의 다양한 의미를 가르치기 위한 전략에 대해 CD-ROM에 있는 Speer, Hayes, Brabier (1997)의 『탐색: 변수에 대해서 매우 능숙하게 되기』를 보라.

학생들은 변수를 가지고 수학적 아이디어를 의사소통하기 위해서 수학 기호를 도구로 활용하기 시작할 수 있다. 예를 들어, 변수는 원주나 넓이를 구하기 위한 공식에 사용된 기호이다.

- $C=2\pi r$: 원주는 원의 반지름의 π배의 두 배와 같다.
- A=1/2(bh) : 삼각형의 넓이는 밑변의 길이와 높이의 곱의 1/2배와 같다.

학생들은 또한 미지의 가수(addends)를 구할 때, 수의 성질(properties)을 말할 때, 그리고 수의 규칙을 일반화할 때에도 변수라는 개념을 접하게 된다.

- 3−△=10
- 0×(어떤 수)=?
- 2, 4, 6, 8, ⋯ → $2\times n$

학생들이 다양한 맥락에서 변수를 능숙하게 사용할 수 있도록 초등학교 저학년 때부터 변수를 활용하는 경험이 필요하다. 이 세 가지 맥락에서의 변수의 활용에 대해서는, 즉 미지수로서의 변수, 변화하는 양으로서의 변수, 규칙의 일반화에서의 변수에 대해서는 본 장의 후반부에서 논의한다.

다음의 활동들을 통해서 학생들에게 변수를 소개하고, 수를 나타내기 위해서 어떻게 변수를 활용할 수 있는지를 설명하고자 한다.

변수 기계

3-4학년

학습 목표

문자나 기호를 사용하여 미지의 양으로서의 변수라는 아이디어를 나타내라.

학생들은 수 집합의 어떤 원소를 나타낼 수 있는 기호로써의 변수라는 아이디어를 탐구할 것이다.

학생들은 미지값을 구하기 위해 변수(문자)에 수를 대입할 것이다.

사전 지식

방정식을 활용하여 수학적 관계를 표현하라.

이 활동은 변수 사용에 관한 입문이므로 변수에 대한 사전 지식은 필요하지 않다.

학습 자료 및 교구

이 활동을 하기 위해서는 각 학생들이 세로로 길게 자른, 줄이 그어진 종이 두 장을 가지고 있어야 한다. 종이 각각의 폭은 5cm와 3cm이다. 테이프 또한 필요하다.

학습 환경

일단 두 명씩 짝을 지어 활동에 참여하게 할 수 있다. 나중에 학생들은 개별적으로 참여하여 다른 학생들이 해결할 암호를 만들 수도 있다.

활동[2]

도입하기

학생들에게 단어의 값을 정해주는 변수 기계를 만들 것이라고 말한다. 폭이 3cm인 종이의 좌측에는 알파벳을 순서대로 쓰게 한다. 폭이 5cm인 종이의 우측에는 0부터 25까지의 숫자를 쓰게 한다. 숫자를 쓴 종이의 양 끝을 테이프로 붙여 띠 모양으로 만든 다음, A와 0, B와 1, C와 2 등이 서로 대응되도록 알파벳을 쓴 종이로 숫자를 쓴 종이 주위를 감싼 후, 알파벳을 쓴 종이의 양 끝을 테이프로 붙여 마무리하게 한다(그림 2.1 참조).

그림 2.1
완성된 변수 기계

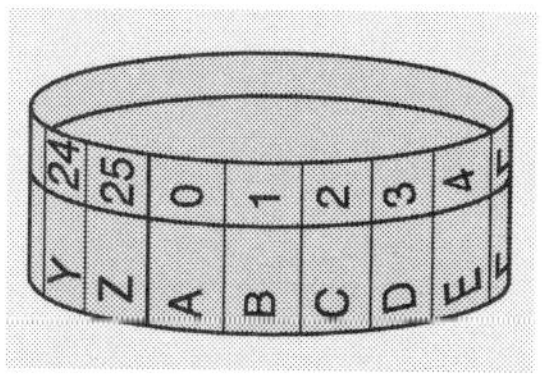

탐구하기

학생들이 변수 기계를 사용하여 자기 이름의 값을 구하게 한다. 예를 들면, Amy라는 이름의 값은 36이다.

$$A=0,\ M=12,\ Y=24,\quad 0+12+24=36$$

학생들이 자기 성(last name)의 값을 구하게 한 후 다음과 같이 질문한다.

- 성과 이름 중 어느 것의 값이 더 큰가?
- 성과 이름의 값의 차이는 얼마인가?

다음에는 다양한 단어의 값을 구해보도록 한 후 다음과 같은 질문들을 제시한다.

- 세 개의 알파벳으로 이루어진 단어 중에서 값이 가장 큰 것은 무엇인가?
- 가장 많은 문자를 포함한 단어가 항상 가장 큰 값을 가지는가?

학생들이 다음과 같은 단어를 찾는데 도전하게 한다.

---

[2] 이 활동은 E. Richard Churchill의 《종이 과학 장난감: 암호 원기둥》(뉴욕: 스터링 출판사, 1991, p. 17)에서 발췌하였다.

CD-ROM의 암호화 애플릿에서, 학생들은 '암호화 기계'를 활용하여 메시지를 암호화하고 해독하기 위해서 다른 암호들을 만들 수 있다.

- 10개 이상의 알파벳으로 이루어졌지만, 그 값이 단 3개의 알파벳을 가진 단어의 값보다 작은 단어
- 각각의 값이 25, 36, 100인 단어

학생들이 점검한 대부분의 단어가 "짝수 값을 가지는가? 홀수 값을 가지는가?" 라고 질문하시오.

그림 2.2 재배치된 변수 기계

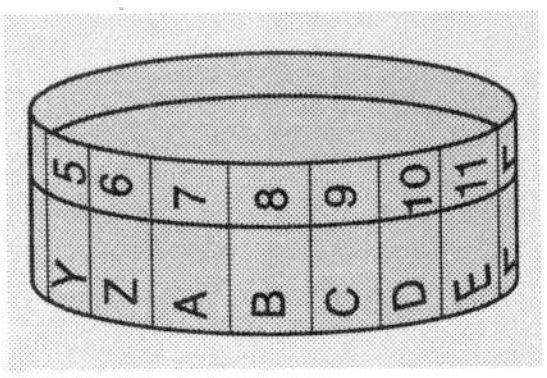

확장하기

위에서 만든 변수 기계를 조정하여 A와 7이 서로 대응하도록 놓는다(그림 2.2 참조). 그렇게 함으로써 할당된 값을 변경한다. 다른 종이에 숫자 띠를 소수나 분수 같이 다른 값을 사용하여 변경할 수 있다.

평가 아이디어

학생들로 하여금 변수 기계를 활용하여 받아쓰기 단어의 값을 찾게 한다. 합에서 차이가 나는 것은 계산상의 오류이거나 낱말의 철자를 잘못 썼기 때문일 것이다.

하루의 어휘량

3-4학년

학습 목표

방정식을 사용하여 수학적 관계를 나타내라.

학생들은 낚아야 할 각각의 물고기 마리수를 결정하면서 변수를 공부하게 될 것이다.

학생들은 하루에 낚아야 할 물고기의 마리수를 대수적으로 기록할 것이다.

96쪽

사전 지식

수를 표현하기 위해서 변수를 사용해 본 경험이 필요하다.

학습 자료 및 교구

- 색깔 칩이나 큐브
- 각 학생마다 부록의 '하루의 어휘량' 학습 활동지(96쪽) 1부씩

학습 환경

학생들은 개별적으로 문제를 해결할 수 있다. 학생들이 과제를 해결한 후, 3~5명씩 모둠을 구성하게 하여 활동의 결과를 공유하고 점검하게 할 수 있다.

활동

도입하기

'하루의 어휘량' 학습 활동지를 각 학생마다 1부씩 나누어 주고 다음 문제를 함께 논의한다.

> 당신은 낚시를 가서 매일 할당된 수만큼의 물고기를 잡아야만 한다. 당신이 잡을 물고기의 종류는 도미, 농어, 참치이다. 낚싯배의 선장은 세 종류의 물고기가 각각 몇 마리씩 필요한지 정한 다음 선원들에게 각각의 물고기를 얼마나 잡아야 할지 계산하도록 단서를 제공한다. 당신은 색깔 칩이나 큐브를 사용하여 잡아야 할 물고기를 나타낼 수 있다.

학생들이 각각의 상황에 대해서 가능한 수치를 탐색하는데 도움이 되도록 표 만들기를 권장한다('추측하고 점검하기' 접근방법). 그림 2.3은 월요일의 어휘량에 대한 예이다.

부록 학습 활동지에 대한 답

월요일의 어휘량:
S=3, T=5, G=7;
화요일의 어휘량:
S=6, T=2, G=4;
수요일의 어휘량:
S=3, T=12, G=8;
목요일의 어휘량:
S=3, T=5, G=4;
금요일의 어휘량:
S=2, T=3, G=1

월요일			
도미(S)	참치(T)	농어(S)	합계
3	도미(S)보다 2마리 더 3보다 2 큰 수 = 5	?	15

그림 2.3
월요일의 어휘량을 나타내는 표

탐구하기

학생들이 모둠별로 해결방법에 대하여 토론한 후, 하루의 어휘량을 어떻게 찾았는지를 설명하게 한다. 하루의 어휘량 문제를 해결하기 위해서 많은 학생들이 시행착오 전략을 사용할 것이다. 즉, 학생들은 단순하게 추측한 후에 문제를 풀어나가면서 조정할 것이다.

확장하기

학생들이 직접 '하루의 어휘량' 문제를 만들어 학급 친구들에게 그 문제를 해결해 보게 한다. 학생들은 문제에 대한 진술뿐만 아니라 해결방법에 대한 설명도 제시해야 한다. 학생들이 문제를 해결할 수 있도록 문제를 커다란 카드에 적어 게시판에 붙여놓을 수도 있다. 이 활동은 각각의 학생들이 얼마나 많은 문제를 해결하고 설명할 수 있는지에 대한 시합으로 변형시킬 수 있다.

평가 아이디어

학생들이 직접 만든 '하루의 어휘량' 문제를 통해 학생들이 방정식에서 변수들의 관계를 얼마나 이해하고 있는지를 평가할 수 있다.

후속활동

변수를 다루는 활동은 방정식을 다루고 해결하는 과정과 자연스럽게 연결될 수 있다. 다음에 변수, 방정식, 부등식의 사용에 관해 논의한다.

방정식과 부등식

변수의 개념은 방정식과 부등식의 기본이 되는 개념과 밀접하게 관련된다. K–2학년에서도 소개했던 변수와 관련된 다음 세 가지 주요 개념은 3–5학년에서 방정식과 부등식으로 확장된다.

- **미지수로써의 변수**는 학생들이 이해하며 $5\times x-2=18$과 같은 식을 다룰 수 있다. 이 식에서 변수를 포함하는 양은 다른 양과

같게 정해져 있다. 등호는 기술 방식이 다르더라도 방정식의 양변이 서로 같은 값을 가짐을 의미한다. 이런 등식의 개념은 방정식의 해를 구하는데 핵심적이다.

- **변화하는 양으로써의 변수**는 $A+B=24$에서 알 수 있듯이, A와 B는 두 개의 특정한 값일 수도 있고, 다양한 값일 수도 있다. 학생들은 두 수의 합이 50 이하인 경우에 이를 만족하는 가수의 모든 쌍을 찾는 데 익숙하다. 학생들은 위의 경우에 두 수의 합이 24가 되는 수의 쌍을 모두 찾는 방법을 안다. 여기서 과제는 이 동일한 상황을 대수적 맥락으로 전이해야 하는 것이다. 그렇게 하기 위해서, 우리는 일단 하나의 변수의 값을 선택하면 자동적으로 나머지 변수의 값이 결정된다는 것을 보여줄 필요가 있다. 만약 학생이 $B=17$로 놓으면, A는 7로 고정된다. Kieran (1992, p. 50)은 학생들이 (a) 하나의 상황에 나타난 수적인 관계에 대해 사고하고 (b) 그 관계를 간단한 일상 언어로 명료하게 토론하며 (c) 궁극적으로 이를 문자, 또는 네모(정사각형), 세모(삼각형)와 같이 혼동되지 않는 다른 표기법으로 표현하는 것을 배우는 것이 중요하다고 언급했다.

- **규칙의 일반화로써의 변수**는 성질이나 규칙을 설명한다. 예를 들어, $A\times0=0$과 같은 성질뿐만 아니라 교환 · 결합 · 분배 성질을 학생들이 이해하도록 도와줌으로써 산술로부터 배운 것을 일반화한다.

이런 변수의 세 가지 개념은 방정식과 부등식의 해를 구하는 것과 관련된 개념과 기능이 향상되도록 통합될 필요가 있다. 이런 맥락에서 동등의 개념은 매우 중요하다. 우리는 때때로 학생들이 방정식에서 등호(=)의 의미를 알고 있다고 가정한다. Van de Walle(1998, p. 475)은 이런 가정이 실수를 범하는 것임을 지적한다. Van de Walle의 연구에 따르면, 학생들은 $3c-4=13+19$와 같은 방정식에서 각 변을 별개의 것으로 간주하여 각각 계산해야 한다고 생각하며 동일한 것을 의미하는 두 식으로 이해하지 못한다. 학생들은 많은 경우에 등호를 계산기에서의 등호 키와 유사한 '연산버튼'으로 인식하거나, 문제 부분과 답 부분을 구분하기 위해 사용되는 기호로 인식한다. 대수 저울 활동을 통해 학생들은 K-2학년에서 방정식과 부등식의 개

학생들에게 다음 방정식을 해결하기 위해서 어떤 수가 필요한지 논의하게 한다. 학생들이 어떻게 알게 되었는가?

$$5\times4-2=\square$$
$$20-2=18$$
$$\square=18$$

형식적인 대수로의 전이를 할 수 있도록 학생들을 돕는 방법에 대한 보다 자세한 논의는 CD-ROM의 Kieran(1991)의 논문을 보시오.

념을 소개하기 위해 활용했던 것보다 보다 상징적인 방법으로 그 개념을 강화할 수 있는 기회를 가진다. 이 활동은 한 부등식의 해를 구하기 위한 구체적인 접근 방법으로 시작된 다음, 등식과 부등식을 모두 포함하는 보다 상징적인 형태로 전개된다. 이 연습 문제는 변수에 수를 대입하는 집합에 대한 아이디어를 학생들이 이해하는 데 도움이 된다.

대수 저울

학년 3-4

목표

등식을 이용하여 수학적 관계를 나타내라.

- 학생들은 식을 보고 방정식(균형 잡힌 저울)인지 부등식(기울어진 저울)인지를 판단할 것이다.
- 학생들은 방정식에서 양변의 크기는 서로 같다는 것을 이해할 것이다.
- 학생들은 방정식을 만족하는 값을 대입하기 위하여 논리적인 사고를 할 수 있다.

사전 지식

97쪽

학생들은 변수에 수를 대입해 본 경험을 가지고 있어야 한다.

준비물

양팔 저울과 작은 나무 큐브를 사용하여 활동을 소개한다. 교사는 활동의 도입 부분에서 연습 문제를 모델로 제시할 수 있다. '대수 저울' 학습 활동지를 각 학생에게 또는 한 쌍의 학생들에게 1부씩 나누어 준다.

이 활동은 미지수로써의 변수와 변화하는 양으로써의 변수 개념을 소개한다.

교실 환경

일부 학생들이 개별적으로 학습하기를 원한다고 할지라도 두 명씩 짝을 지어 과제를 해결하게 한다. 학생들이 해결 방법을 제시하고 모델링 할 수 있도록 충분한 시간을 준다.

활동[3]

도입하기

칠판에 그림 2.4(a)를 제시하고 학생들에게 등식(그림 2.4(a)에 균형 잡힌 저울로 표현됨)인지 부등식(그림 2.4(b)에 기울어진 저울로 표현됨)인지를 질문한다. 다음의 질문을 통하여 저울이 부등식을 나타낸다는 것을 학생들이 알도록 돕는다.

- 저울이 정확하게 균형을 이루겠는가? (아니다.) 왜 아닌가? (2×2는 3+(2×3)보다 작다.)
- 어떻게 저울을 다시 그려야 하는가? (3+(2×3)쪽이 더 가벼울까? 아니면 무거울까?)
- 저울이 균형을 이루도록 하려면 어떻게 해야 하는가? (4 또는 9가 되는 식을 찾아야 한다. 예를 들어, 3+1과 2×2는 균형 잡힌 저울이 될 것이다. 3×3과 3+(2×3) 역시 균형 잡힌 저울이 될 것이다.)

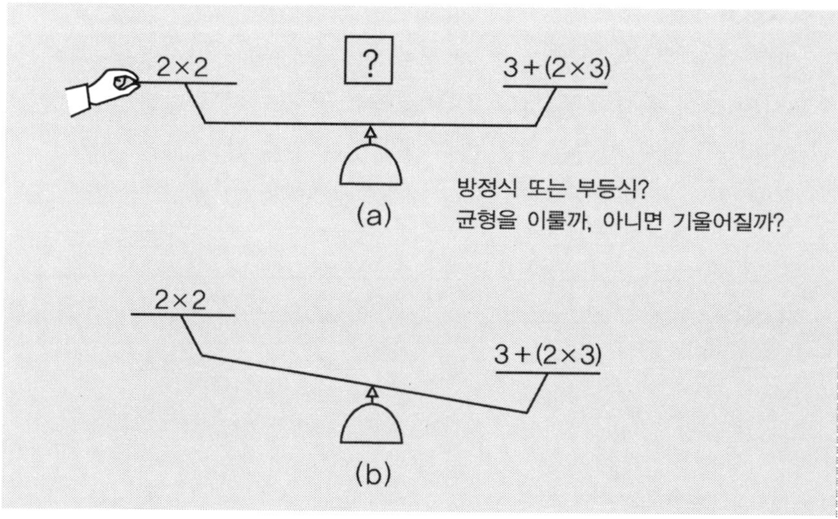

그림 2.4
양팔 저울로 나타내기

학생들에게 연산의 순서 규칙을 적용하도록 상기시킨다. 따라서

$$2 \times 2 < 3+(2 \times 3)$$

학생들에게 기호 =, > 또는 < 를 사용하여 식을 다시 써 보게 함으로써 학생들이 보다 상징적인 형태로 나아갈 수 있도록 돕는다. 이

[3] 이 활동의 확상은 Linda Holden Charles의 《대수적 사고: 첫 경험 모음집》(Mountain View, Calif: Creative Publications, 1990)에서 발췌하였다.

와 같은 연습 문제는 연산의 순서 또한 다루고 있는데, 이는 중요한 기초대수 개념이다.

대수식이나 등식에서 변수에 수를 대입하는 개념을 강화하는 데에도 양팔 저울을 사용할 수 있다. 예를 들어, 학생들은 저울을 균형 잡히게 할 수 있는 해가 다양하다는 점을 이해해야 한다(그림 2.5 참조). 예를 들어, 5×2는 2×5와, 5×4는 2×10 등과 균형을 이룬다. 학생들이 대입해 본 수의 순서쌍들을 기록하는 표를 만들어 보게 한다(그림 2.6의 표). "네모(□)와 세모(△)에 사용한 수에서 규칙을 찾을 수 있습니까? 어떤 규칙이 있습니까?" 라고 질문한다.

가능한 답변: 네모에 사용된 수는 짝수이다. 세모에 사용된 수는 5의 배수이다.

그림 2.5
변수에 수를 대입하는 개념의 양팔 저울 표현

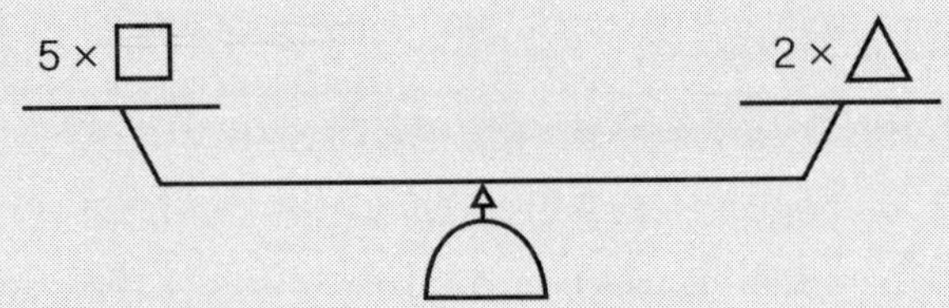

그림 2.5의 저울은 이와 같은 방법으로 표현될 수도 있다.

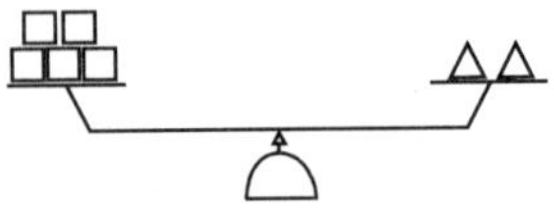

탐구하기

'대수 저울' 학습 활동지 중 첫 번째 연습문제에서 학생들은 저울에 표시된 식이 등식이 될 것인지, 부등식이 될 것인지를 판단할 수 있을 것이다. 두 번째 연습문제는 변수에 알맞은 수를 찾는 것을 다룬다.

그림 2.6
대입 변수 차트

□	△
2	5
4	10
6	15
8	20

학습 활동지의 답

1a: 저울은 균형을 이룬다.
1b: 저울의 오른쪽이 아래로 내려간다.
1c: 저울은 균형을 이룬다.
2a, 2b, 2c: 많은 답이 가능하다.

확장하기

이 활동은 적어도 두 가지 방식으로 확장될 수 있다. 첫째, 학생들이 등식이나 부등식을 나타내는 수식을 직접 저울로 만들어보게 하는 것이다. 학생들의 선택이 옳은지 질문한다. 둘째, 두 번째 연습문제의 개방형 식은 등식의 규칙을 활용하여 논리적 사고를 포함하는 것으로 확장될 수 있다. 예를 들어, 학생들에게 그림 2.7의 문제를 풀게 한다.

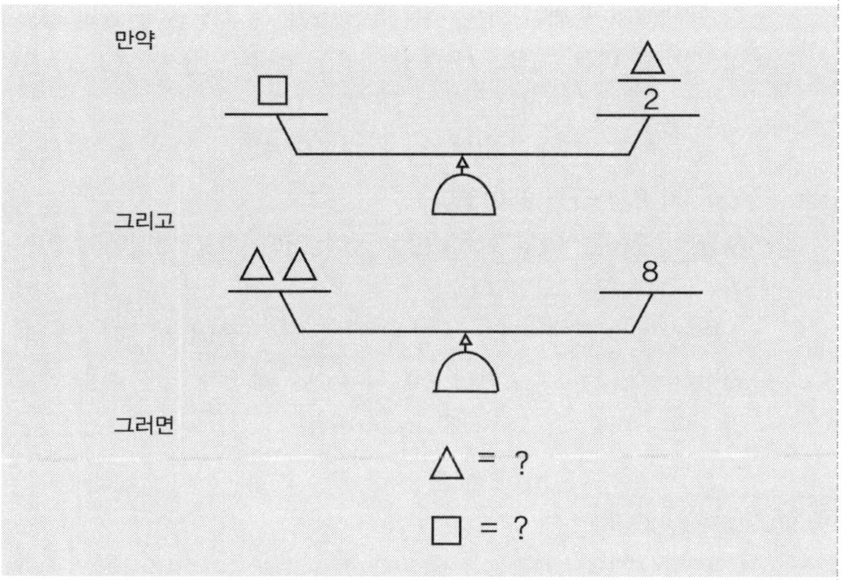

그림 2.7 균형 문제

학생들은 이 문제에 시행착오 전략 이외에 다른 접근 방법을 활용할 수 있다. 예를 들면,

만약

$$\triangle \div 2 = \square,$$

그러면

$$\triangle = \square\square,$$

그리고

$$\triangle\triangle = \square\square\square\square.$$

△△는 8과 균형을 이루므로, (△△에 □□□□를 대입하면) □□□□는 8과 균형을 이룬다. 따라서 8은 4개의 □와 같아야 하므로, □=2. 그러면, △÷2=□이므로 △=4이다.

균형 저울을 모의 실험해 보는 활동인 'Pan Balance'를 CD-ROM에서 찾을 수 있다.

다음을 통해 논리적으로 접근하도록 학생들을 유도할 수 있다.

- 첫 번째 저울에서 어떤 정보를 알 수 있는가? (어떤 양은 다른 양의 반과 같다)
- 이 문제에서 구해야 하는 것은 무엇인가? (□의 값과 △의 값)
- 이 정보를 다음 저울에서 어떻게 이용할 수 있는가? (△△ = □□□□. △ = □□이므로 △△ = □□□□이다.)
- △△ = □□□□를 안다면, 다음 저울은 무엇과 똑같은가? (4개의 □가 8과 균형을 이룬다.)
- 저울이 균형을 이루게 하려면, □에 어떤 수를 대입해야 하는가? (□에 2를 대입한다.)
- △의 값을 어떻게 구할 수 있는가? (처음 저울에서 □에 2를 대입한다. 즉, 2=△/2. 이제 2로 나누었을 때 2가 되는 수를 찾으면 된다. 4÷2=2. 그러므로 △=4이다.)

평가 아이디어

학생들이 직접 대수 저울을 만들어 보게 한 후, 변수의 값을 어떻게 찾는지를 설명해 보게 하거나, 등식인지 부등식인지를 판단하는 근거를 설명하게 한다. 학생의 이해 정도를 평가하기 위해 학생이 만든 식이나 학생이 써 놓은 설명을 점검해 본다.

후속활동

학생들의 이해 정도에 따라, 그래픽이 덜 사용된 표현 방법으로 방정식과 부등식을 나타낼 수 있다. 그렇게 하기 위해서, 양팔 저울 없이 식을 제시한다.

다음에 나오는 '규칙 찾기' 활동은 수 규칙의 교환 성질과 결합 성질에 초점을 두는데, 이는 한 배열을 여러 가지 부분으로 분할하는 것으로부터 유도된다.

규칙 찾기

3-4학년

학습 목표

- 학생들은 주어진 배열을 서로 다른 부분으로 분할할 수 있다.
- 학생들은 시각적으로 제시된 규칙을 수식으로 나타낼 수 있다.
- 학생들은 동치인 수식이 어떻게 연산의 교환 성질과 결합 성질을 나타내는지를 탐구할 수 있다.

교환, 결합, 분배와 같은 성질을 확인하고 범자연수를 계산하는 데 이를 활용하라.

사전 지식

- 학생들은 시각적 규칙을 탐구하고 그러한 규칙을 수식으로 나타내본 경험을 가지고 있어야 한다.

98쪽

학습 자료 및 교구

학생들에게 대상의 배열을 본떠 조작할 수 있는 조작물을 나누어 준다. '규칙 찾기' 학습 활동지(98쪽)을 2명당 또는 모둠당 한 장씩 나누어 준다.

학습 환경

학생들은 2~3명씩 짝을 지어 과제를 수행한다. 활동 후에 학생들이 발견한 것을 발표하고 토론할 수 있는 충분한 시간을 제공한다.

활동[4]

도입하기

학습 활동지를 나누어 주고 학생들에게 다음 상황을 설명한다.

> 'CAP 공사'(각 문자는 교환 · 결합 성질(commutative and associative properties)을 나타낸다)의 조사관들은 폐허가의 비밀 방에서 25개의 다이아몬드가 이상하게 배열되어 있다는 사실을 발견하였다. 그 조사관들은 이 배열상의 규칙이 어떤 암호를 가

그림 2.8 다이아몬드 배열

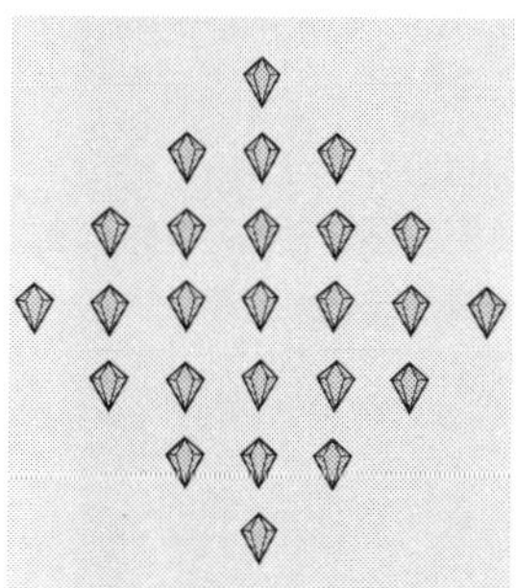

[4] 이 활동은 David Youngs의 《쿠키 콤보》(AIMS Education Foundation, December 1995, pp. 48–50)에서 발췌하였다.

지고 있다고 생각한다. 학생들이 해결해야 할 과제는 활동지(그림 2.8)에 주어진 배열을 가능한 한 많은 방법으로 분할하는 방법을 찾는 것이다.

학생들의 사고 과정을 돕기 위해 다음과 같은 질문을 한다.

- 다이아몬드의 배열에서 어떤 수 규칙을 발견할 수 있는가? (학생들은 다이아몬드 배열의 세로줄에서 1+3+5+7+5+3+1 규칙을 쉽게 찾을 수 있을 것이다.)
- 다른 규칙을 찾을 수 있는가? (배열의 중앙에 3×3 정사각형이 있음을 알려주고[그림 2.9], 다음 질문을 한다.)
- 이제 이 배열에서 어떤 수 규칙을 발견할 수 있는가? (수 규칙은 9+4+4+4+4로 표현될 수 있다[중앙에 9개 다이아몬드와 각각 4개 다이아몬드로 구성된 4개의 삼각형]).

그림 2.9
다이아몬드 배열에 있는 3×3

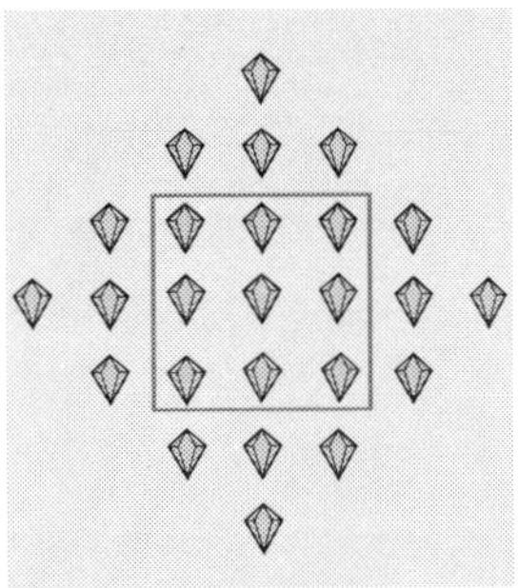

학생들로부터 다음을 유도한다.

$$9+(4+4+4+4)=(9+4+4+4)+4$$

그리고 이 방정식은 덧셈에 대한 결합 성질(즉, 인접한 수를 어느 쌍으로 먼저 더하든지 덧셈의 결과는 같다)을 나타낸다는 것을 설명한다.

이 예를 이용하여 교환 성질(즉, 순서를 바꾸어서 더해도 덧셈의 결과는 다르지 않다)을 보여준다.

$$9+(4+4+4+4)=(4+4+4+4)+9$$

이러한 성질의 이름을 붙일 때 신중해야 한다. 학생들은 때때로 성질을 이해하지 못한 채 이름만을 암기하기도 한다. 각 성질이 나타내는 아이디어에 대해서 이야기하는 것이 낫다. 교환 성질은 가수나 인수의 순서와 관련되고, 결합 성질은 연산의 항을 묶는 것과 관련된다. 학생들에게 다음 방정식이 무엇을 제시하는지 질문한다.

$$(4+4+4+4)+9=(4\times4)+(3\times3)$$

(이 방정식은 곱셈의 정의를 나타낸다.)

탐구하기

학생들이 '규칙 찾기' 학습 활동지의 배열을 분할하게 한다. 학생들의 토론을 들어보고, 학생들이 여러 가지 규칙을 그리는 방법을 관찰한다. 시각적 규칙을 수치적 규칙으로 바꾸는 것을 강조한다. 다음의 질문들을 사용하여 학생들의 사고를 안내한다.

- 이 분할에서 어떤 수 규칙을 발견할 수 있는가?
- 이 특정한 분할에서 수 규칙을 다른 방법으로 써 볼 수 있을까?
- 왜 이 두 수식이 서로 같을까? (순서만 바꿨다. 또는 그 수들을 다른 그룹에 넣었다.)

확장하기

다음과 같이 배열에서 다이아몬드의 총 개수를 늘리고 학생들에게 다양한 방법으로 분할하게 한다.

- 41개(그림 2.10)
- 61개(그림 2.11)

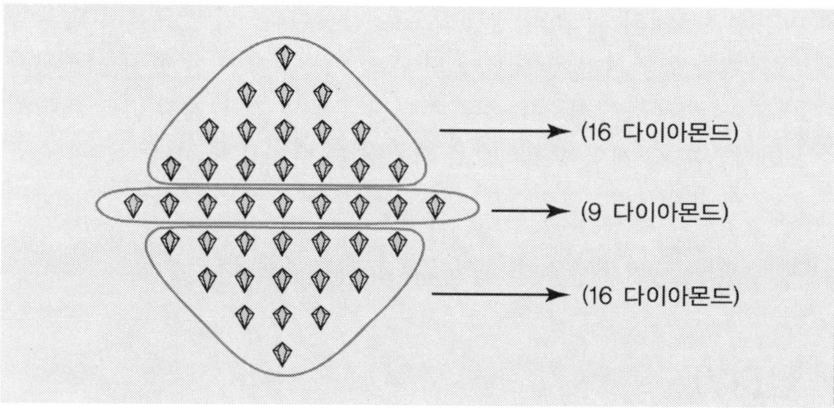

그림 2.10
41개 다이아몬드 배열

그림 2.11
61개 다이아몬드 배열

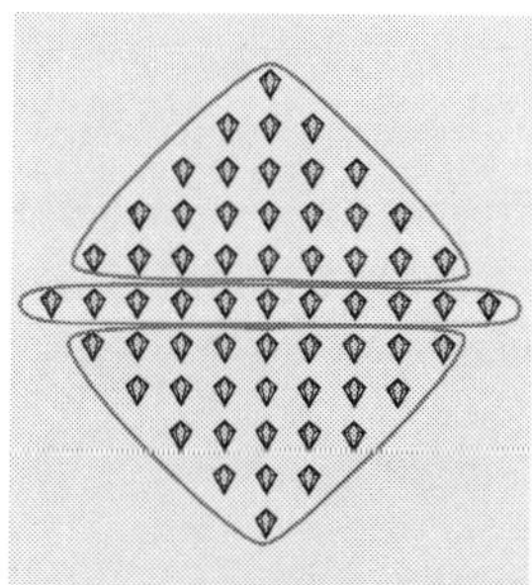

배열이 확장됨에 따라 수 규칙을 고찰해보면 다음을 발견할 수 있다.

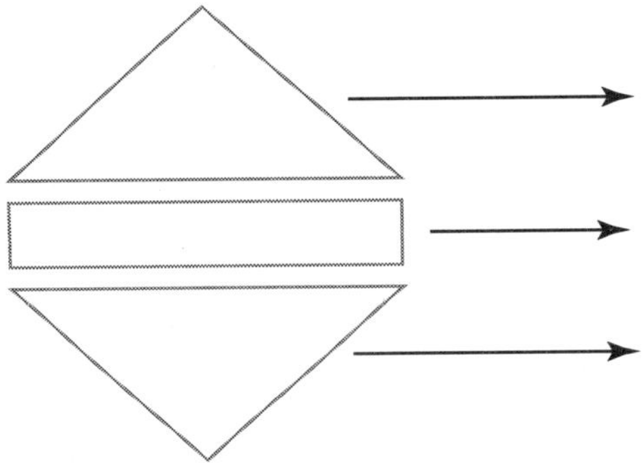

부분	전체 다이아몬드 개수
위	9, 16, 25, …
중앙	7, 9, 11, …
바닥	9, 16, 25, …

평가 아이디어

논의된 성질 중의 하나를 나타내는 식을 제시하고, 왜 그 두 수식이 같은지를 설명하게 한다.

학습 활동지의 답안 예

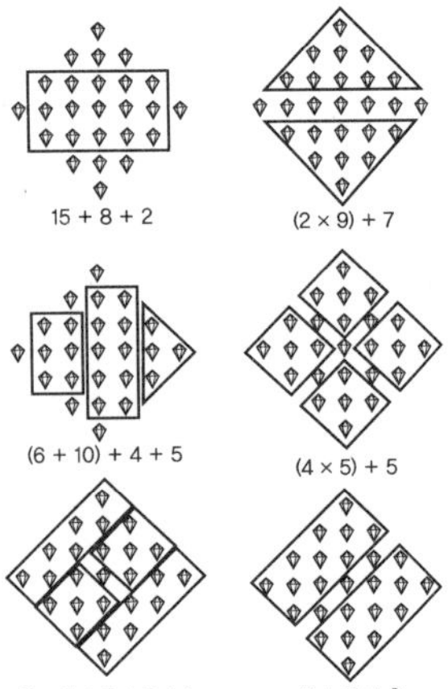

후속활동

이와 같은 규칙들을 탐구하고 동치인 수식을 써 보는 것은 암산 기능의 계발에 도움이 된다. 암산에 있어서의 접근 방법은 연산을 다양한 방법으로 표현하는 데 초점을 두는 것이다.

다음 활동인 '집짓기 활동'은 방정식의 종속 변수의 아이디어를 미지수가 3개인 세 개의 방정식으로 확장한다. 이 활동에서 학생들은 시행착오를 거쳐 각 '섬'에 몇 채의 '집'을 지어야 할지를 결정하게 된다. 학생들에게 처음에는 주어진 문제의 각 관계를 말로 표현해 보게 한 후, 세 개의 방정식으로 각 문제를 나타내게 한다.

집짓기

5학년

학습 목표

방정식을 이용하여 수학적 관계를 표현하시오.

- 학생들은 각 문제의 수치적 관계를 말로 표현할 수 있다.
- 학생들은 각 관계를 대수식으로 나타낼 수 있다.

사전 지식

이 활동에서는 문제 상황의 양적 관계를 말로 표현해 본 경험이 필요하다. 학생들은 말로 표현된 수치적 관계를 간단한 방정식으로 기록할 수 있는 기능도 어느 정도 가지고 있어야 한다.

99쪽

학습 자료 및 교구

'집짓기' 학습 활동지(99쪽)를 학생 1~2명에 1부씩 나누어 준다. 블록이나 다른 조작물을 활용하여 학생들이 문제를 해결하고자 하는 시도를 증진시킬 수 있을 것이다.

학습 환경

두 명씩 짝을 짓는다. 학생들이 원한다면 개별적으로 과제를 수행해도 무방하다.

활동[5]

도입하기

학생들에게 건축회사 직원이 되어 3개의 섬에 집을 지어야 한다는 것을 설명한다. 섬과 섬 사이는 다리로 연결되어 있다. 건축가는 설계도의 각 다리에 숫자를 적어 놓았는데, 이 숫자는 그 다리가 연결하는 두 섬에 지어야 할 집의 전체 수를 나타낸다. 건축가는 또한 세 섬에 지어야 할 전체 집의 수도 제시하였다. 학생들이 해야 할 일은 각 섬에 지어야 할 집의 수를 알아내는 것이다.

물체로 문제 상황을 모델링하고 결론을 도출하기 위해서 그래프, 표, 방정식과 같은 표현을 사용하라.

칠판에 이 문제 상황을 제시하고(그림 2.12), 다음 질문들을 사용하여 문제 상황에 대한 학생들의 추론 과정을 안내한다.

- 햇살 가득한 섬과 즐거운 섬에 모두 15채의 집을 지어야 한다면, 가능한 조합은 무엇인가? (햇살 가득한 섬에 5채, 즐거운 섬에 10채라고 하자.)
- 이제, 즐거운 섬과 열대 섬에 모두 12채의 집이 필요하다. 열대 섬에 몇 채의 집이 필요한가? (즐거운 섬에 10채를 지어야 한다

[5] 이 활동은 Linda Holden Charles가 쓴 《대수적 사고: 첫 경험 모음집》(Mountain View, Calif.: Creative Publications, 1990)을 참고하였다.

그림 2.12
집짓기 문제의 삽화

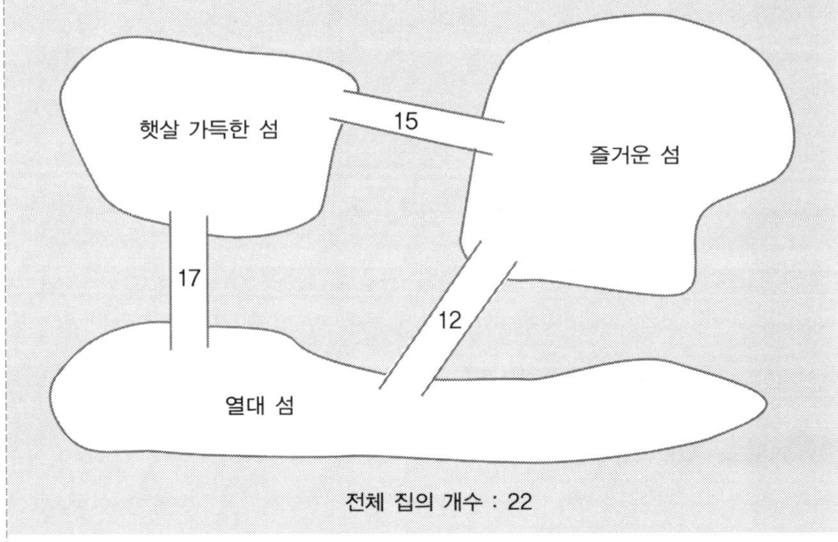

는 것이 이미 결정되었으므로 2채이다.)

- 이제 모든 집에 대해 목록을 만들어 보자: 햇살 가득한 섬에 5채, 즐거운 섬에 10채, 열대 섬에 2채. 잘 맞는가?
- 건축가의 지시에 잘 따랐는지를 어떻게 확인할 수 있을까?

다음의 추론 과정을 말로 표현하면서 칠판에 제시한다.

방정식과 부등식으로 관계를 나타낼 수 있다는 것을 학생들에게 보여주시오.

햇살 가득한 섬 + 즐거운 섬 = 15 ⟶ 5 + 10 = 15.

(건축가의 지시에) 부합한다.

즐거운 섬 + 열대 섬 = 12 ⟶ 10 + 2 = 12

(건축가의 지시에) 부합한다.

햇살 가득한 섬 + 열대 섬 = 17 ⟶ 5 + 2 ≠ 17

(건축가의 지시에) 부합하지 않는다.
또한,

5채(햇살 가득한 섬) + 10채(즐거운 섬) +2채(열대 섬)
≠ 22채(세 섬에 지어야 할 집의 총수)

다른 값을 찾아야 한다.

부합하지 않는 방정식을 반복해서 사용하지 않도록 학생들에게 시도해본 해결 방법을 기록하게 한다. 학생들은 블록을 사용하여 시행착오 방법을 더 쉽게 할 수 있다.

답은 햇살 가득한 섬에 10채, 즐거운 섬에 5채, 열대 섬에 7채이다. 그러면 전체 집의 수는 22채가 된다.

탐구하기

지금까지 블록이나 조작물을 나누어주지 않았다면 지금 나누어 주고 부록의 학습 활동지도 나누어준다. '집짓기' 학습 활동지의 세 과제를 학생들 2명씩 짝을 지어 해결하게 한다. 다음과 같은 질문이나 지시를 통해 학생들의 문제해결 과정을 안내한다.

부록 활동지의 답

1. A=9, B=11, C=4
2. A=5, B=20, C=5
3. A=7, B=11, C=9

- 가능한 모든 조합들을 계속해서 기록하라.
- 각 섬의 집의 수를 찾기 위한 규칙이 보이는가? 그것이 무엇인가? (하나의 규칙은 지어야 하는 총 집의 개수에서 두 섬의 집의 개수를 빼서 남은 한 섬의 집의 개수를 구하는 것이다. 예를 들어, 첫 번째 연습 문제에서 C에 짓는 집의 개수는 전체[24]로부터 A와 B에 지어야 하는 집의 개수[20]를 뺌으로써 구할 수 있다. 그러므로 집 4채가 섬 C에 지어질 것이다.)
- 시행착오 방법을 거치지 않고 집의 수를 알아내는 방법은 무엇인가? (동일한 방식으로 섬 B에 짓는 집의 개수를 구할 수 있다. 전체[24]에서 A와 C에 지어야 하는 집의 개수[13]를 빼라. 그 차가 B에 짓는 집의 수[11]이다. 같은 방법을 적용하여 A에 짓는 집의 수를 찾을 수 있다.)

확장하기

문제 해결 수준을 높이기 위해서 섬을 4개로 늘린다(그림 2.13).

평가 아이디어

학생들이 문제를 풀기 위해 사용하는 전략과 해결 방법을 기록하기 위해 사용하는 방법을 관찰한다. 각 과제를 표현하기 위해서 학생들이 기호나 변수를 사용하는 정도를 평가한다.

그림 2.13
더 복잡한 집짓기 문제

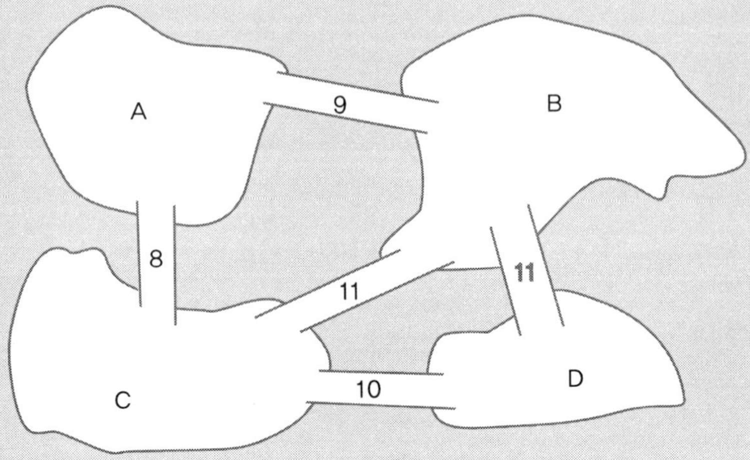

4개의 섬에 전체 19채의 집을 지어야 한다.
각 섬에 몇 채의 집을 지어야 하는가?

각 섬에 지어야 할 집의 개수는 A=3, B=6, C=5, D=5.

후속활동

이 활동에서 개발된 기능을 통해 규칙과 함수의 모델링 및 이에 대한 결론을 용이하게 이끌어 낼 수 있을 것이다.

CHAPTER 03

함수

Navigations Series Grades 3-5

단어, 도표, 그래프를 이용하여 패턴과 함수를 표현하고 분석해 보라.

앞장에서 중점적으로 다룬 규칙은 규칙법칙과 규칙 표현에 대한 아이디어를 함수적 관계의 개념으로 확장시키고 있다. 이번 장에서는 균일성과 규칙성으로 묘사되는 함수를 중점적으로 다루고 있다. 학생들은 한 집합(정의역)의 각 원소들이 또 다른 집합(치역)의 오직 한 원소와 짝지어지는 관계가 바로 함수라는 것을 이해해야 한다. 다음의 예는 함수의 이런 특성을 잘 예시해 주고 있다.

- 한 변 길이가 함수인 정사각형 면적

변 길이 (센티미터)	1	2	3	4	5	0.5	1.5	…
정사각형 면적 (제곱센티미터)	1	4						…

- 전화요금. 핸드폰 회사의 전화사용료는 매월 기본요금이 15,000원이며 매 통화당 100원이 추가 징수된다. 이에 대한 도표를 작성하고 그 결과를 그래프로 그려보라. 그래프의 선이 직선이 될 것이라고 예상하는가? 직선이 되는가?[6]

함수에 대한 예시를 더 보고 싶으면 캐런 홀리(Karen Holly, 1997)의 논문을 보라.

[6] 정사각형의 면적, 전화요금과 월별 기온에 관한 예는 Teaching Children Mathematics 저널 (1997년 314-18쪽)에 실린 Stephen Wiloughby의 논문 〈유치원에서 6학년까지의 함수〉에서 발췌한 것임. 모델 차 예시는 시카고 대학 수학 프로젝트에서 발간한 《Everyday Mathematics》(일리노이주 에반스톤의 Everyday Learning 출판사, 1995년 109쪽)에서 발췌함.

한 변수의 변화가 두 번째 변수의 변화에 어떻게 관련되는지 조사해 보라.

통화 수	0	1	2	3	4	5	10	20
요금 총액 (단위: 천원)	15	15.01	15.02					

- 아래의 표는 미국 알바니시의 월중 기온(화씨)의 중앙값을 나타낸다. 월에 대한 표기는 1월은 1, 2월은 2 등으로 나타냈다. 이 자료로 선 그래프를 작성할 수 있는가? 가능할지 안 할지 이유를 말해 보라. 함수를 그래프로 그려라.

월	1	2	3	4	5	6	7	8	9	10	11	12
기온(화씨)	21	23	34	47	58	67	71	69	61	51	39	26

함수 관계를 탐구해 볼 수 있는 한 가지 방법은 적절한 문맥을 통해서 알아보는 것이다. 모든 함수가 현실 세계의 문맥으로 나타나지는 않지만 (Van de Walle 998, p. 458) 이 단계의 초등학생들에게는 함수 관계를 자신들에게 의미 있는 문맥을 통하여 탐구해 보도록 하는 것이 중요하다. 예를 들어, 5학년 학생들이 거리 측정 공식인 d = 0.25t를 사용하여 분당 0.25킬로미터 비율로 t분간 질주하는 모델 경주용 차가 달리는 거리를 산출한다고 가정해 보라. 먼저, 학생들은 그림 3.1처럼 수치를 가지고 도표를 완성한 후 그림 3.2와 같이 그래프를 그린다. 마지막으로, 학생들은 그래프를 이용하여 도표로는 볼 수 없는 거리와 시간에 대한 문제를 풀게 된다.

- 그래프를 사용하여 2.5분 동안 차가 얼마만큼의 거리를 달릴 수 있는지 측정해 보라.
- 도표에 한 줄을 더 넣어서 분당 0.5킬로미터 비율로 달리는 속도 값을 기입하고 소정의 시간 동안 얼마만큼의 거리를 달릴 수 있는지 계산해 보라. 그래프에 새로운 선을 그려 넣어라. 이 그래프는 처음 것과 어떻게 다른가?

그림 3.1
모델 경주용 차 문제 도표

시간 (분) t	거리 (킬로미터) d
1	0.25
2	0.50
3	0.75
4	1.00
5	1.25
6	1.50

차가 달리는 시간과 거리를 문맥으로 하여 함수관계를 보여주고 있다. 학생들은 오래 달리면 달릴수록 먼 거리를 갈 수 있다는 것을 인식해야 한다. 여기서 매우 중요한 아이디어 하나는 거리는 시간(속

도 비율)의 종속변수이며 시간에 대하여는 함수관계라는 것이다. 또 다른 중요한 아이디어는 '한 집합(시간)의 숫자와 또 다른 한 집합(거리)의 숫자가 독특하게 연관되어 있는 관계 또는 규칙' 이 함수라는 것이다(Van de Walle 1998, p. 457). 학생들은 함수 관계를 언어, 도표, 그래프, 기호, 또는 방정식을 활용하여 나타낼 수 있다.

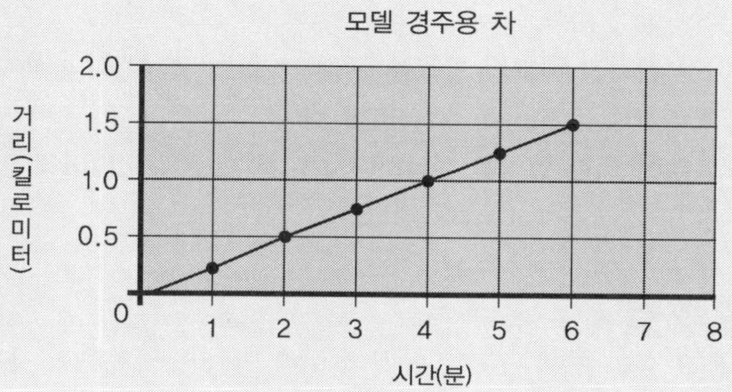

그림 3.2
모델 경주용 차 그래프

함수에 대한 아이디어를 학생들에게 소개하기 위하여 함수 기계, 또는 함수 상자가 활용되었다. 함수 기계가 작동되는 과정은 간단하다. 상자에 입력구와 출력구가 있다. 주어진 한 입력 값을 넣으면 출력 값이 나온다. 학생들은 값이 변화되어 나오는 것을 보고 '법칙' 이나 함수를 알아내야 한다. 다음에 제시된 상황에서의 입력과 출력 값을 그림 3.3에서 볼 수 있다.

기어(Geer, 1992)의 논문을 보면 함수에 대한 사고와 수업지도를 위한 제안을 더 볼 수 있다.

외계인을 잡을 때마다 점수를 받는 비디오 게임을 하고 있다. 다음의 표는 잡는 외계인의 수에 따라 받는 점수가 얼마인가를 보여준다. 예를 들어, 한 명의 외계인을 잡으면 24점을 받고, 두 명의 외계인을 잡으면 34점을 받는 등 이런 식으로 계속된다. 이 게임의 법칙은 무엇인가?

외계인 수	점 수
1	24
2	34
3	44
4	54
5	64

법칙은 어떻게 되나요?

그림 3.3
비디오 게임 함수 기계 값 도표

이 예제의 법칙은
(입력 값×10) + 14이다.

삼각-법칙 기계

4학년

학습 목표

사물을 사용한 모델로 문제 상황을 보여 주고 답을 결정지을 수 있도록 그래프, 도표, 방정식 등과 같은 표현 방식을 활용하도록 하라.

- 학생들은 등변삼각형을 일렬로 배열하여 구성된 도형의 둘레 길이를 조사할 것이다.
- 주어진 삼각형 배열의 둘레를 구할 수 있는 '법칙'이나 함수를 (언어 또는 기호를 사용하여) 설명할 것이다.
- 수 규칙에 대한 법칙을 설명하면서 이를 함수 아이디어에 연결시킬 것이다.

사전 지식

학생들은 여러 가지 규칙과 규칙에 대한 법칙을 설명하는 사전 경험을 갖고 있어야 한다. 도형의 둘레 길이를 산출하는데도 능숙해야만 한다.

학습 자료 및 교구

100, 101쪽

두 명으로 구성된 학생 각 팀당 약 50개의 등변삼각형이 필요하다. 첨부된 CD-ROM에 수록되어 있는 교사용 학습 활동지를 사용하여 종이나 플라스틱으로 모형을 만들 수 있다. 학생 한 팀당 '삼각-규칙 기계' 학습 활동지 사본 1부씩을 주어 여기에 탐구 결과를 기록하도록 한다.

학습 환경

학생을 두 명씩 짝지어 학습활동을 하도록 한다.

활동

도입하기

학생들에게 삼각형을 한 줄로 길게 배열하여 구성된 도형의 둘레 길이를 많은 계산을 하지 않고 어떻게 알아낼 수 있는지에 대하여 탐구해 볼 것이라고 설명한다. '삼각-규칙 기계'를 사용하여 찾아 낼 것이라고 말해준다. 삼각형 그림 3.4(a) 한 개를 학생들에게 보여 주면서 이 삼각형의 둘레 길이(삼각형의 각 한 변이 1단위임)를 교사에게 말하도록 한다. 다음에는 두 개의 삼각형을 1열로 배열한 후 이 도형의 둘레 길이를 결정하게 한다[그림 3.4(b)]. 그리고 3개의 삼각형으로 만들어진 도형의 둘레 길이를 결정하게 한다[그림 3.4(c)]. 삼각형이 몇 개가 주어지든지 그 도형의 둘레를 산출할 수 있는 법칙을 정할 수 있도록 삼각형의 수를 하나씩 증가시키면서 이들을 일렬로 길게 연장하여 배열하도록 학생들에게 설명한다. 이에 대한 법칙을 찾아내기 위해 학생들은 삼각-법칙 기계를 활용해야 한다.[7]

탐구하기

학생들에게 삼각형을 가지고 열로 배치하도록 하고 각 배열의 둘레를 측정해서 '삼각-법칙 기계' 학습 활동지에 있는 도표에 그 길이를 기입하도록 한다.

삼각-법칙 기계의 입력과 출력 간의 관계를 학생들이 발견할 수 있도록 도와주기 위해 다음과 같은 질문을 한다.

- 기계에 입력한 것은 무엇인가요? (삼각형의 수)
- 기계에서 출력된 것은 무엇인가요? (둘레)
- 학습 활동지에 작성한 입력-출력 도표에서는 어떤 규칙을 볼 수 있나요? (삼각형이 하나씩 더해질 때마다 둘레는 1단위씩 증가된다.)
- 소정의 삼각형이 일렬로 배열된 모형의 둘레 길이가 말해주는 법칙은 무엇인가? (둘레 길이는 삼각형수보다 2가 많다.) 숫자와 기호를 사용하여 법칙을 식으로 나타내 보자. ($P = x + 2$)

학생들은 삼각형 하나로부터 시작하여 함수는 $x + 2$로 표현될 수 있으며, x는 배열에 사용된 모든 삼각형의 수라는 것을 알아 낼 수 있다. 이와 같은 표현을 통하여 '규칙에 대한 법칙'에서 함수 개념으로 적절하게 전환시킬 수 있도록 해 준다. 삼각형 배열 모형의 둘레 길이는 연결된 삼각형의 수에 달려 있다는 아이디어를 강조하라.

[7] 이 활동은 메릴린 번스의 저서 《About Teaching Mathematics: A K–8 Resources》(Sausalito, Calif.: Math Solutions Publications, 121쪽)에서 발췌하였다.

그림 3.4
삼각형 수가 연속적으로 증가되는 모형의 둘레 길이

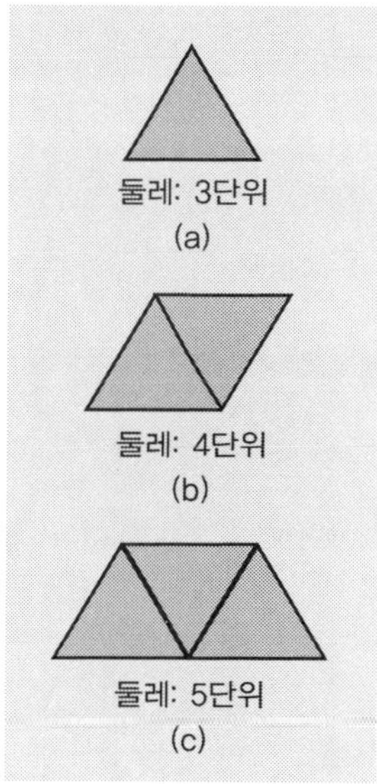

둘레는 삼각형 배열 전체 모형의 바깥 거리가 둘레의 길이라는 것을 학생들이 확실히 알도록 하시오. 배열 모형의 안에 들어 있는 삼각형의 변은 둘레에 속하지 않는다.

다음과 같이 기술할 수 있거나 질문할 수 있도록 학생들을 격려해 주어야 한다.

- 도형의 둘레는 열로 배치된 삼각형 수의 함수이다.
- 둘레는 삼각형 수의 종속변수이다.
- 삼각형 수를 증가시키면 둘레의 길이는 어떻게 될까?

학습 활동지 해답

입력	출력
1	3
2	4
3	5
4	6
5	7
6	8
7	9
8	10
9	11
⋮	⋮
30	32

둘레 길이의 법칙은 삼각형 수 더하기 2 또는

$$P = X + 2$$

확장하기

$2x + 2$ 또는 $2n - 1$과 같이 보다 더 복잡한 함수를 이용하여 다른 '함수 기계'를 보여 줘야 한다. 도표에 입력 값과 출력 값을 학생들이 꼭 기입하게 한다. 함수 기계 문제를 잘 만드는 비결을 Sulzer (1988)는 다음과 같이 제시하고 있다.

- 간단하기도 하며 복잡하기도 한 다양한 관계를 갖고 있는 수의 쌍을 사용한다.
  예 : '입력' 숫자 4와 '출력' 숫자 17은 단순하게 서로 쌍이 되는 수이며, 덧셈 ($x + 13$) 또는 곱셈 ($3x + 5$)의 사용을 용이하게 해준다.
- 학생들이 배우고 있는 개념이나 규칙성을 보강시켜 주는 숫자들을 사용한다.
  예 : 세제곱수를 공부하고 있다면 최근에 학생들이 배운 숫자를 사용한 규칙을 포함시킬 수도 있다. 예를 들어, '입력' 수 3과 '출력' 수 27. 정사각형의 둘레를 공부하고 있다면 '입력' 수 3과 '출력' 수 12가 좋은 쌍이 될 것이다.
- 나눗셈을 활용할 수 있는 규칙을 소개할 때는 짝지어진 '입력' 수에 여러 개의 인수/약수가 가능한지를 확실시한다. 또한, 두 번째 짝이 될 '입력' 수는 공약수 몇 개가 포함되어 있어야 함을 명심한다.
  예 : 나눗셈 규칙의 탐구를 시작할 수 있도록 해주는 좋은 방법은 '입력' 수 24와 '출력' 수 9와 같이 짝이 되는 수일 것이다. 학생들은 24를 2, 3, 4, 6, 8 또는 12로 나누어 볼 수 있고, 9를 만들어내기 위해 필요에 따라 더하기나 빼기를 해볼 수도 있다.

마찬가지로, 다음 짝으로 좋은 '입력' 수는 12와 같이 그중 몇 개 또는 모든 인수를 공유하는 숫자일 것이다.

평가 아이디어

학생들로 하여금 여러 가지 다른 함수 기계의 법칙을 찾아보게 한 후(문제 창출을 위해 Sulzer의 제안을 활용할 것), 더 나아가 학생들 스스로 함수-기계 문제를 만들어 보게 한다.

함수 아이디어 개발에 관련된 부가적인 활동은 Willougbby (1997)와 Sulzer(1988)의 저서를 보라.

후속 활동

학생들은 다양한 방법으로 함수를 능숙하게 표현할 수 있어야 한다. 삼각-법칙 기계 활동을 통하여 학생들은 도표를 만들고, 언어를 사용하고, 기호를 사용하여 표현할 수 있게 되었다. 다음 수업에 그래프를 사용하여 표현할 수 있는 학습 활동이 포함되어야 한다. 예를 들면, '증가'하는 삼각형 배열 모형의 둘레에 대한 그래프는 그림 3.5와 같다.

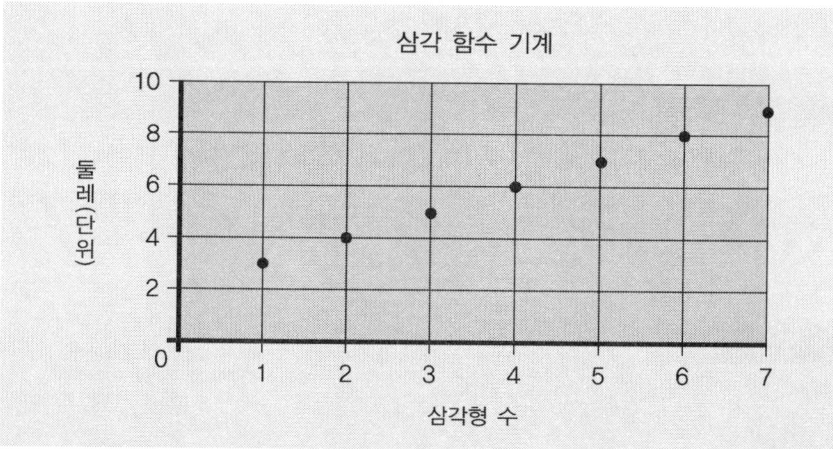

그림 3.5
삼각형 수와 둘레를 함수로 나타내는 그래프

학생들은 수의 성질에 대한 조사를 해보면서 함수에 대한 아이디어를 탐구해 볼 수도 있다. 다음의 학습 활동에서는 홀수의 법칙이나 함수적 관계를 찾아 보기 위해 수 규칙에 중점을 두고 있다.

신기한 홀수 규칙!

4-5학년

학습 목표

언어, 도표, 그래프를 활용하여 규칙성과 함수를 나타내고 분석해 보라.

- 학생들은 배열상의 다양한 규칙성을 관찰하게 될 것이며,
- 관찰한 시각적 규칙을 수치적 규칙으로 나타낼 수 있고,
- 수치적 규칙을 함수 관계로 나타낼 수 있다.

사전 지식

학생들은 홀수를 분별할 수 있어야 한다. 학생들은 3학년 과정에서 규칙을 고찰해 본 적이 있어야 한다. 4학년 과정에서는 시각적 규칙을 수치적 규칙으로 능숙하게 전환시킬 수 있어야 한다.

학습 자료 및 교구

학습 활동을 하기 위해 개별적 또는 두 명으로 구성된 학생들의 각 팀마다 100개의 낱개모형이 필요하다.

학습 환경

짝짓거나 소그룹으로 학생들을 나누어 학습활동을 할 수 있다. 낱개모형을 놓고 학생들이 조작해 보고 배열해 볼 수 있는 테이블이나 평면이 꼭 필요하다.

활동

도입하기

수치적 규칙을 탐구하게 될 것이라고 학생들에게 설명한다. 학생들이 그림 3.6과 같이 낱개모형을 배열해 보도록 하면서 활동을 시작한다. 이러한 배열을 만들기 위해 낱개모형을 몇 개 사용하였는지 학생들에게 물어 본다. 낱개모형의 배열을 보는 즉시 다음과 같은 규칙이 나타나는 것을 확실하게 볼 수 있다. 즉, 1 + 3 + 5 + 7 + 9 = 25.

그림 3.6

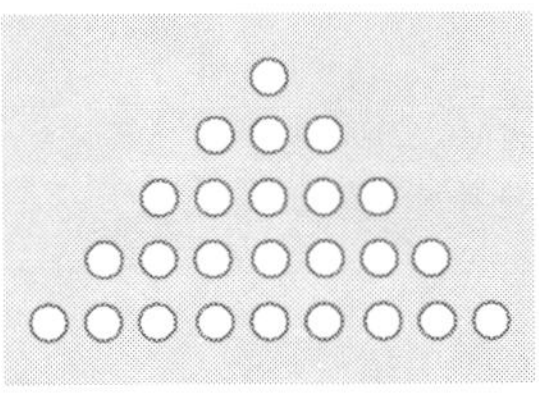

탐구

삼각 배열에 주목하도록 해보면서 연속인 홀수의 합으로 생성된 규칙

에 대하여 조사해 보도록 학생들을 유도한다. 예를 들면, 처음 두 연속 홀수 (1+3)의 합은 4, 첫 번째에서 세 번째까지의 연속 홀수 (1+3+5)의 합은 9, 네 번째까지의 연속 홀수 (1+3+5+7)의 합은 16이고, 처음부터 다섯 번째까지의 연속 홀수 (1+3+5+7+9)의 합은 25이다. 학생들이 좀더 조사해 보도록 지도하기 위해 다음과 같은 질문을 한다.

- 새로운 가로 열을 만들 때마다 몇 개의 동그라미가 증가되었나? (각각의 새로운 열마다 두 개의 동그라미가 증가되었다.) 이런 현상이 일정한가? (예)
- 첫 번째 가로 열과 두 번째 열의 동그라미 수의 차이는 몇 개인가? (2) 두 번째 열과 세 번째 열과의 차이는? (2)
- 이들 수치적 변화에서 어떤 규칙성을 볼 수 있나? (예, '더하기 2'를 하면 다음의 열이 되는 규칙이다.)

학생들로 하여금 규칙을 연장해 보도록 하고 다음과 같은 질문을 한다.

- 다음 열을 구성하는데 낱개모형은 몇 개가 필요한가? (11개)
- 새로운 배열에는 낱개모형이 모두 몇 개가 사용되었나? (36개)
- 이들 수치 간에 어떤 특징을 볼 수 있는가? (각 열의 낱개모형의 합은 완전 제곱수이다.)
- 배열에서 한 열의 순서수를 가지고 낱개모형의 합을 결정지을 수 있는 법칙을 찾아낼 수 있나? 법칙은 무엇인가? (법칙은 $2n-1$이며 n은 열의 순서이다.)
- 열 번째 열에 있는 낱개모형의 수는 몇 개인가? (19개)
- 배열의 한 열 중에 총 60개의 낱개모형이 사용된 열이 있을 수 있을까? (아니오) 이를 설명하라. (60은 완전 제곱수가 아니다.)

학생들이 해답을 증명해 보도록 하는 것은 추측도 가능하게 도와주는 것이다.

확장하기

낱개모형을 다시 배치해 보면 어떻게 될 것인지 학생들에게 물어본다.

- 낱개모형을 다른 모양으로 배열할 수 있을까? (예) 어떤 모양으로? (정사각형)

■ 연속 홀수의 합인 수만큼의 낱개모형을 가지고 정사각형 모양으로 배열할 수 있나? [예. 예를 들면, 16개의 낱개모형으로 4×4의 정사각형을 만들 수 있다. 36개의 낱개모형으로는 (1+3+5+5+7+9+11) 6×6 정사각형을 만들 수 있다.]
■ 모든 연속 홀수의 합이 이와 같은 규칙을 보여 준다는 사실이 맞나?

학생들이 그림 3.7의 배열을 가지고 낱개모형을 홀수 그룹으로 분할하여 보도록 권한다. 낱개모형을 **L**자 모양으로 배열할 수 있음을 주시한다(그림 3.8). 다음과 같은 질문을 한다.

■ 낱개모형 3개로 구성된 **L**자 모양 배열에서 세로 줄에 있는 낱개모형의 수는 몇 개인가? (2)
■ 세 번째 홀수는? (5)
■ **L**자 모양의 세로 줄에 있는 낱개모형의 수와 **L**자 모양으로 배열된 홀수의 순서수에서는 어떤 관계를 볼 수 있나? (n번째 홀수의 배열에는 세로 줄에 n개의 낱개모형이 있다.)
■ 각 세로줄에 있는 n개의 낱개모과 $2n-1$이 되는 n번째 홀수와는 어떤 관계를 볼 수 있나? (코너에 있는 낱개모형을 두 번 세지 않도록 조심한다.)

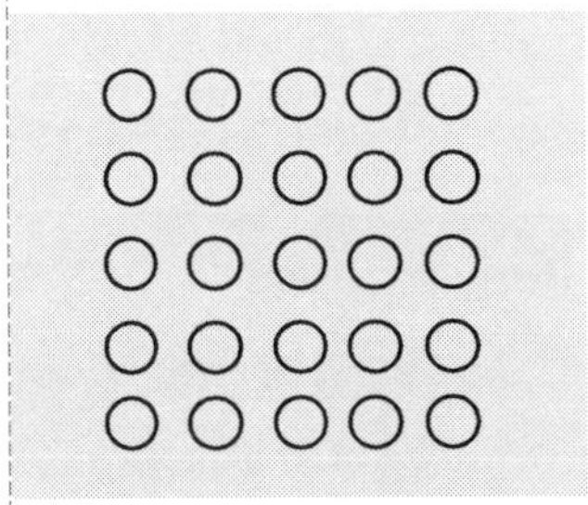

그림 3.7
낱개모형 25개 배열도

학생들에게 배열된 동그라미들을 **L**자 모양으로 분할하여 줄로 묶어 그리게 하여 연속 홀수의 합을 시각적으로 볼 수 있게 한다. 즉, 첫 번째 홀수의 **L**자 모양이 두 번째 홀수의 **L**자 모양과 서로 맞물려 끼워져 2×2 정사각형을 만들고 이어서 세 번째 홀수의 **L**자 모양과 맞추어져서 3×3 정사각형을 만들고 하는 이런 식으로 계속된다(그림 3.9).

연속 홀수의 합과 **L**자 모양의 배열을 끼워 맞춰 형성되는 정사각형과는 서로 어떤 관계가 있는지 학생들에게 설명하도록 한다. 한 가지 가능한 방법은 다음과 같다.

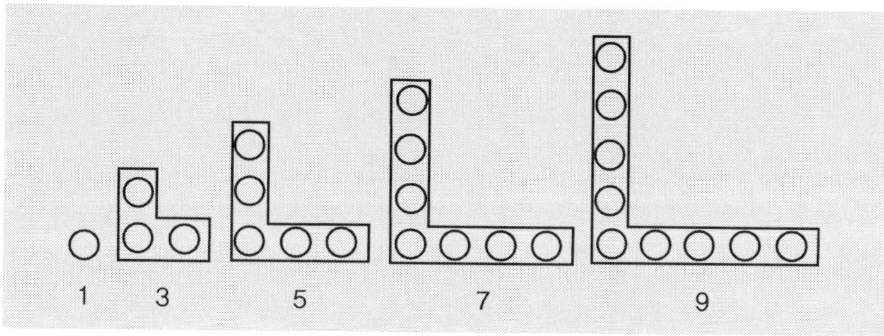

◎ 그림 3.8
정사각형 모양으로 배열된 25개의 낱개모형을 보는 것처럼 L자 모양으로 분할할 수 있다.

$$1 = 1 \times 1$$
$$1 + 3 = 2 \times 2$$
$$1 + 3 + 5 = 3 \times 3$$
$$1 + 3 + 5 + 7 = 4 \times 4$$
$$1 + 3 + 5 + 7 + 9 = 5 \times 5$$

연속적인 홀수 합의 규칙은 다음과 같다.

연속홀수 순서	연속홀수 합
1	1
2	4
3	9
4	16
5	25
6	36
⋮	⋮
n	n^2

n번째까지의 연속홀수의 합은 n의 제곱이다.

평가 아이디어

전 학년에 걸쳐 학생들이 문제를 어떻게 이해하고 있으며 개념의 수준은 얼마나 되는지 파악해 보기 위하여 다음에 제시된 과제와 질문을 활용하여 일상평가를 해보면 좋을 것이다.

후속 활동

후속 학습 활동으로 다음과 같은 질문을 해 볼 수 있다.

- 연속 짝수의 배열은 어떻게 나타나는가? 연속짝수의 배열 중 한 예이다.

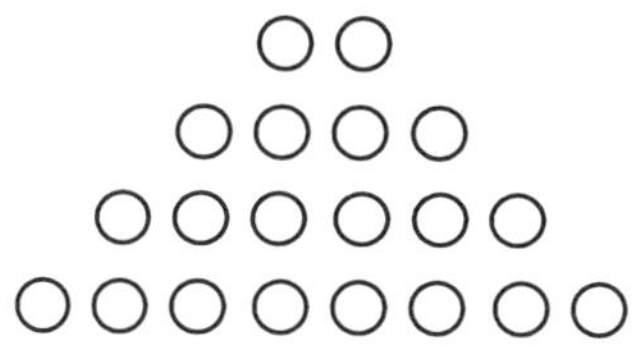

- n번째의 연속짝수에 대한 '법칙'이나 함수는 무엇인가? (n번째의 연속짝수의 법칙은 $2n$이며, n은 위 배열에 있는 가로열의 순서이다.)

◎ 그림 3.9
'L자 모양으로 묶은' 배열

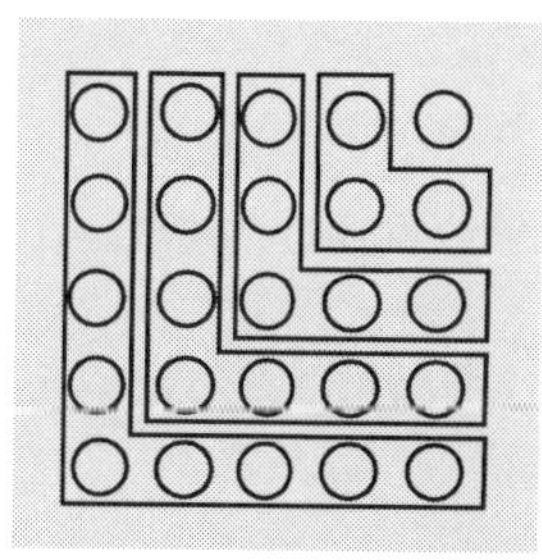

- n번째까지의 연속 짝수의 합에 대한 법칙은 무엇인가? (n번째까지의 연속적인 짝수의 합에 대한 법칙은 $n(n+1)$이지만, 4–5학년 수준에 있는 학생들 대부분은 이를 이해하기 힘들 수도 있다.)
- 연속짝수의 합도 제곱수가 될까? (아니다.) 설명하라. (더해 본다면 2+4=6, 2+4+6=12, 2+4+6+8=20으로 합은 완전 제곱수가 아니라는 것을 알게 된다. 학생들에게 다음 몇 개의 연속짝수의 합을 계산해 보게 하여 어떤 규칙이 나타나는지를 결론지어 보게 한다.)

정사각형과 정육면체의 관계

5학년

학습 목표

첫 번째 변수의 변화가 두 번째 변수의 변화에 어떻게 관련이 되는지 조사해 보라.

- 학생들은 정사각형 변의 길이와 둘레 그리고 면적 간의 함수관계를 조사할 것이다.
- 학생들은 정사각형 변의 길이와 (a) 변의 길이가 증가함에 따른 둘레의 길이, (b) 변의 길이가 증가함에 따른 면적, 이들 간의 함수관계를 설명할 것이다.
- 학생들은 정육각형의 모서리 길이가 증가함에 따른 모서리의 길이와 부피 사이의 함수적인 관계를 설명할 것이다.

사전 지식

학생들은 규칙을 설명하고 등위그래프를 그릴 수 있어야 한다. 둘레와 면적에 대한 개념을 잘 알고 있어야 한다.

학습 자료 및 교구

- 플라스틱 정사각형 모형
- 조작할 수 있는 정육면체
- 센티미터 그래프 용지

■ 각 그룹마다 '정사각형과 정육면체의 관계' 와 '정사각형과 정육면체 관계 그려보기' (확장 학습 활동을 위하여) 학습 활동지 사본 1부

102, 103쪽

학습 환경

학생들을 두 명씩 짝짓거나 소그룹으로 하여 학습활동을 할 수 있다.

활동

도입하기

학생들에게 다음과 같은 질문을 한다.

지속적 또는 다양 다양한 비율로 변화하는 상황을 파악하고 설명해 보며 그들을 비교해 보라.

■ 가로세로 1센티미터인 정사각형이 있는데 이들 변의 길이를 매번 1센티미터씩 점차적으로 증가시킨다면 (a) 정사각형의 둘레와 (b) 정사각형의 면적에 대하여 어떤 규칙을 볼 수가 있을까?

■ 각 모서리의 길이가 1센티미터인 정육면체의 모서리(변)의 길이를 매번 1센티미터씩 점차적으로 증가시킨다면 정육면체의 부피들 간에 어떤 규칙을 볼 수가 있을까?

학생들이 '추측' 을 해보고 왜 그렇게 되는지 근거를 말해보도록 한다. 학생들이 답을 나중에 다시 확인해 보거나 고쳐 볼 수 있도록 이를 차트 용지에 기록해 둔다.

탐구하기

학생들에게 8개의 정사각형을 그리게 하는데 그 첫 번째 정사각형의 한 변의 길이를 1센티미터로 하여 그리고 그 다음 것부터 각 정사각형의 변의 길이를 각각 1센티미터씩 증가시켜 모두 8개의 정사각형을 그래프 용지에 그리도록 한다. 학생들은 각 정사각형의 둘레와 면적을 산출해야 한다. 학생들이 '정사각형과 정육면체의 관계' 학습 활동지의 도표에 그 결과를 기록하게 한다. 학생들과 정육면체의 부피를 어떻게 결정하는지 논의한다. 정육각형의 모형을 보여주면서 다음과 같은 질문을 한다.

■ 이 정육면체의 한 모서리(변)의 길이가 1단위라면 그 부피를 어

◎ 그림 3.10
백을 나타내는 모형 정육면체

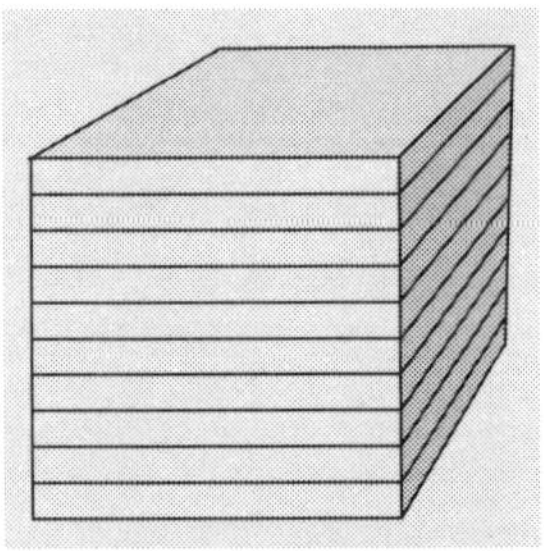

'정사각형과 정육면체의 관계' 해답

변의 길이 (cm)	둘레 (cm)	면적 (cm^2)	부피 (cm^3)
1	4	1	1
2	8	4	8
3	12	9	27
4	16	16	64
5	20	25	125
6	24	36	216
7	28	49	343
8	32	64	512

둘레 규칙: 정사각형 변의 길이가 1센티미터 증가될 때마다 둘레의 길이는 4센티미터 증가된다.
둘레 법칙: (변 길이)×4 또는 $4s$
면적 규칙: 면적은 모두 제곱수이다.
면적 법칙: (변 길이)×(변 길이), 또는 $s \times s$로 s는 한 변의 길이다.
부피 규칙: 각 부피는 $s \times s \times s$로 s는 한 모서리의 길이다.
부피 법칙: (모서리 길이)×(모서리 길이)×(모서리 길이), 또는 $s \times s \times s$ (또는 s의 세제곱수)로 s는 모서리의 길이다.
규칙의 차이점: 부피의 치수는 면적 치수보다 훨씬 빠르게 증가하고 면적 치수는 둘레 치수보다 더 빨리 증가한다.

떻게 구할까?

■ 한 정육면체의 모서리 길이에 대하여 무엇을 알고 있나?

십모형이 있다면 '백'을 나타내는 수모형 10개를 쌓아서 정육면체 하나를 만든다(그림 3.10). 정육면체의 부피를 결정하기 위해서는 모든 백 모형의 부피를 더해야 한다는 것을 학생들과 함께 논의한다. 결과를 다음과 같은 식으로 나타낼 수 있다.

$$(s \times s \times 1) + (s \times s \times 1) + \cdots + (s \times s \times 1).$$

이러한 식은 백모형의 수 곱하기 각 백모형의 부피라고도 쓸 수 있다. 모양이 정육면체이므로 백모형의 수와 정육면체의 한 변의 길이는 같다. 따라서 학생들은 $s \times s \times s$로 부피를 결정지을 수 있다.

학생들이 도표를 다 작성하고 나면 다음과 같은 질문을 한다.

■ 둘레 조사에서 어떤 규칙을 볼 수 있나? 규칙에 대한 법칙을 써 보라.

■ 면적 조사에서 어떤 규칙을 볼 수 있나? 규칙에 대한 법칙을 써라.

■ 부피 조사에서 어떤 규칙을 볼 수 있나? 규칙에 대한 법칙을 써라.

함수관계에 대한 아이디어를 강조한다. 학생들이 다음과 같은 사항을 확실히 이해하도록 한다.

■ 둘레는 정사각형 변 길이의 합에 대하여 함수이다. (또는 정사각형 변 길이의 4배: $P(S) = 4s$)

■ 면적은 정사각형 두 변 길이의 곱에 대하여 함수이다. (또는 한 변 길이의 제곱: $A(S) = s^2$)

■ 부피는 정육면체의 길이, 넓이, 높이의 곱에 대하여 함수이다. (또는 한 변 길이의 세제곱; $V(S) = s^3$).

학생들은 상기의 사항들을 도표에서 보여주는 증가규칙과 연관시킬 수 있어야 한다. (예: '부피가 더 급속히 증가한다.')

확장하기

이 단계에서의 활동 목적은 학생들이 자료를 여러 가지 방법으로 표현해 봄으로써 규칙에 대한 기술을 할 수 있도록 하는데 있다. '정사각형과 정육면체의 관계' 학습활동지에 작성한 도표의 수치를 이용하여 학생들이 '정사각형과 정육면체 관계 그려보기' 활동지에 그래프를 그리게 한다. 학생들은 변의 길이를 나타내는데 x축을 사용하여야 한다. y축은 둘레, 면적, 또는 부피를 나타내야 한다.

학생들이 그래프를 다 완성하고 난 후 다음과 같은 질문을 한다.

- 둘레 조사 그래프의 모양을 보고 무엇을 알 수 있나?
- 면적 조사 그래프의 모양을 보고 무엇을 알 수 있나?
- 부피 조사 그래프 모양을 보고 무엇을 알 수 있나?

'정사각형과 정육면체 관계 그려보기' 해답

[그림 3.11]에 있는 둘레, 면적, 부피 그래프를 보시오.

1. 만일 둘레그래프 상의 점들을 연결한다면 직선이 될까?
2. 만일 면적그래프 상의 점들을 연결한다면 곡선이 될까?
3. 만일 부피 그래프 상의 점들을 연결한다면 면적그래프에 나타난 곡선보다 더 가파른 곡선이 될까?

평가 아이디어

함수를 다루는 모든 학습활동에 있어서 교사들은 학생들이 변수 간의 함수적 관계에 근본이 되는 기초개념을 습득을 했는지 결론지을 수 있어야 한다. 여기 평가를 위해 교사들이 학생들에게 물어 볼 수 있는 몇 가지 질문을 제시해 본다(Van de Walle의 1998년 저서 478 참고).

- 규칙 찾기와 이를 일반화시키는데 학생들은 어떤 전략을 활용하는가? (한 틀과 그 다음 틀의 배열 사이의 차이점을 유용하고, 물리적 규칙에서 반복되는 것이 있는지 찾아보고 틀의 수를 물리적 규칙의 다양한 측면과 맞추어 보고, 규칙을 찾는데 융통성 있는 사고력을 학생들이 발휘할 수 있는가?)
- 학생들이 자신의 아이디어를 스스로 평가해 볼 수 있는지, 특히 주어진 규칙에서 보이는 함수 법칙이 정확한 것인지를 결론지을 수 있는가?
- 학생들이 함수적인 관계를 언어, 그림, 상징적인 식으로 의사소통을 할 수 있는가?

후속 활동

학생들은 규칙성과 함수 관계를 탐구하는데 다양한 경험을 가지고 있어야 한다. 학생들이 함수를 이해하고 이를 확장시킬 수 있도록 도

함수 관계와 규칙성 탐구의 이해력을 발달시키는데 계산기와 컴퓨터 공학이 중요한 역할을 할 수 있다. 함수를 만드는 도구로 컴퓨터가 어떻게 활용되는지에 대한 정보는 Ploger, Rooney와 Klingler의 1997년도 저서에서 찾아보라.

와 주기 위하여 이 책에 첨부된 CD-ROM에 함수 기계 학습 활동지를 수록하였다.

그림 3.11

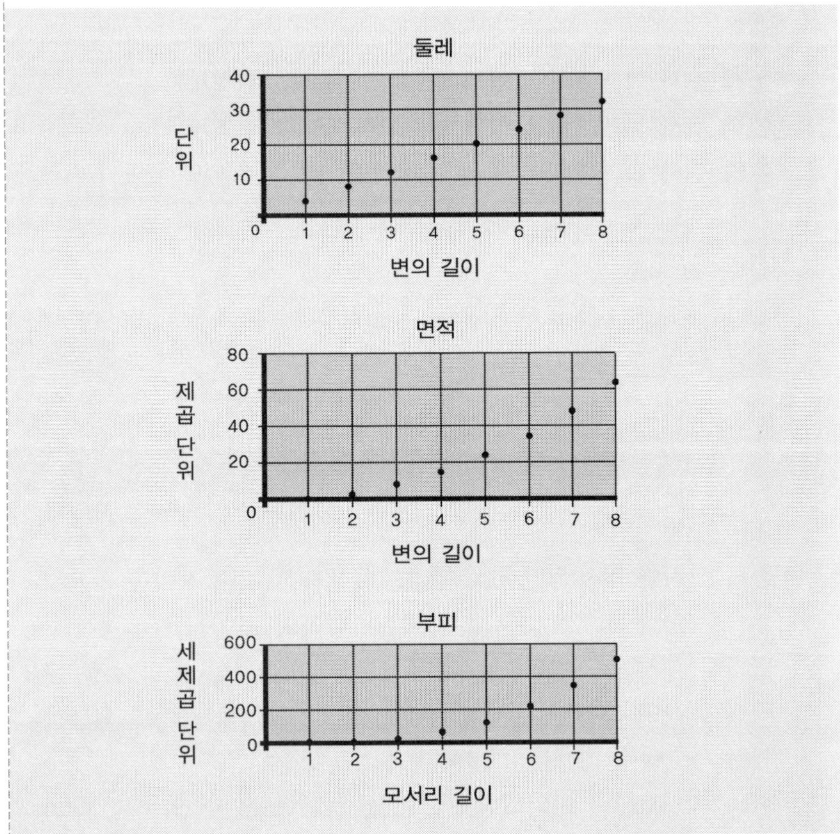

되돌아보기와 전망하기

대수적인 사고는 무엇인가에 대한 토의는 Cai(1998)의 저서를 보라. Usiskin(1997)은 유치원에서 초등학교 4학년 과정에서 다루어질 수 있는 대수적 아이디어에 대한 개관을 간결하게 제시하고 있다. Schultz(1991)도 일반적인 수업지도에 대한 아이디어를 제공하고 있으며, Yackel(1997)은 대수적인 사고에 역점을 두어 다루고 있다.

대수에 대한 아이디어 계발은 초등학교 저학년에서 소개되어 초등학교 3-5학년으로 연결되어 확장된다. 학생들은 규칙성을 알아보고 표현하는데 도표, 그래프, 언어, 기호를 활용한다. 학생들은 규칙에 대한 관계를 탐구해보고 규칙상의 변화를 분석하며 규칙에 대한 일반화를 하게 된다. 이와 같은 경험을 바탕으로 변수와 함수의 개념을 포함한 대수에 대하여 다양한 아이디어를 계발시키게 된다. 초등학교 3-5학년 단계에서는 대수라는 용어가 그리 보편적으로 사용되고 있지는 않지만 교실에서의 학습활동에는 대수적인 사고의 요소를 포함시키고 있는 것을 종종 볼 수 있다.

초등학교 3-5학년 학생들은 앞으로 중학교와 고등학교에서 대수를 지속적이고 좀더 공식적으로 공부할 수 있게 그 기초를 마련해 주는 상황이나 문맥을 다룰 필요성이 있다. 초등학교 3-5학년 단계에서의 학습 목표 중의 하나는 학생들이 함수에 대한 아이디어를 일상적으로 다루어서 필수적인 개념 체제를 형성할 수 있도록 해주는 것이다. 이러한 개념은 학생들이 규칙을 보고 '법칙' 을 추론해 볼 수 있는데서 개발된다. 유아/유치원에서 초등학교 2학년 때 발전시킨 규칙에 대한 아이디어를 3-5학년 과정에서는 흥미 있고 수학적으로 풍부한 문맥들을 포함시켜 전개시키는 것이다. 레모네이드 음료수 판매시 볼 수 있는 규칙의 실례를 고찰해 보자.

송이와 천수는 동네에 있는 작은 마을공원에서 레모네이드 장사를 하기 위해 판매대를 마련했다. 필요한 모든 재료와 물품은 부모님들께서 준비해 주셨다. 레모네이드 한 잔에 250원에 팔려고 한다. 도표(그림 4.1)에서는 판매를 해서 돈을 얼마나 벌 수 있는지를 보여주고 있다. 판매 자료에서 어떤 규칙을 볼 수 있나? 만약, 송이와 천수가 100잔의 레모네이드를 판다면 얼마를 벌 수 있나? 250잔이면? 십만 원을 벌려면 몇 잔을 팔아야 하나?

그림 4.1

레모네이드 잔 수	판매금액 (천원)
0	0
10	2.5
20	5.0
30	7.5
40	10.0
50	12.5

학생들은 250원씩 몇 잔을 팔았는가에 따라서 판매 수입이 달라진다는 것을 깨달을 수 있어야 한다. 이것이 바로 대수적인 사고의 근본적인 요소인 함수 관계이다.

이러한 관계는 그래프(그림 4.2)로 나타낼 수 있으며, 이는 학생들에게 판매 잔 수와 판매 수입(선형) 사이의 관계 유형을 볼 수 있게 해 준다.

이와 같은 상황은 규칙, 변수, 함수에 대한 아이디어를 잘 설명해 주고 있다. 총괄적으로 이런 경험을 통하여 수학적인 추측이나 학습된 추정을 하고 연구 조사해 볼 수 있는 능력을 키울 수 있어야 한다.

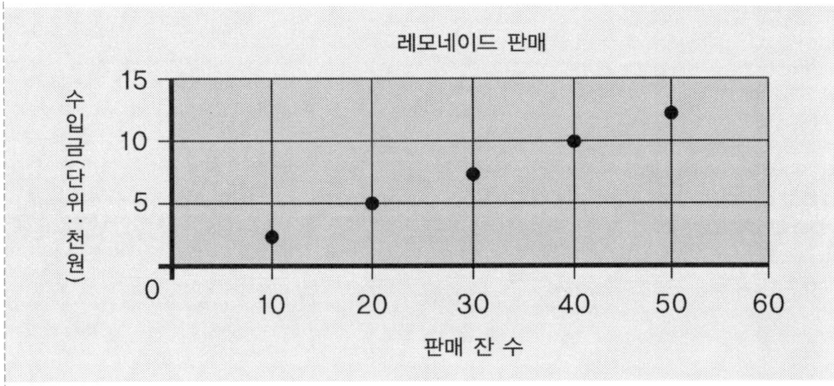

그림 4.2
레모네이드 판매 상황을 그래프로 표현함

"수학적 추리력(reasoning)은 교실에서 학생 자신들의 아이디어를 내놓고 이를 검토해 볼 수 있도록 격려할 때 계발된다. 교실에서 교사와 학생들은 마음 놓고 질문하고 대답하고 서로 공들여 함께 노력해야 한다. 학생들은 자신의 생각에 대하여 설명하고 이의 타당성을 말할 수 있어야 하며 다른 사람들의 생각을 비평할 수 있고 잘못된 추론을 탐지할 수 있어야 한다." (NCTM, 2000, 188쪽)

학생들은 주어진 규칙을 연장시키기 위해 자신들이 개발한 '법칙' 을 시험하고 비평해 볼 수 있는 기회를 가져야 하고 학생들이 도표와 그래프 같은 다양한 방식을 통하여 나타나는 규칙을 탐구해 보도록 격려를 해야 한다.

3–5학년에서는 변수(미지수, 문자, 기호)를 공부하고 활용함으로써 학생들이 규칙성의 법칙을 언어적 표현으로부터 사고 과정의 한 표현 방법으로 수학적 부호까지도 활용할 수 있도록 도와주어야 한다. 예를 들면, 레모네이드 판매 예시에서 어린이들이 번 수입금액은 다음과 같이 표시될 수 있다.

$$(\text{판매 잔 수}) \times 0.25 = \text{판매 수입액},$$

또는

$$G(\text{판매 잔 수를 나타냄}) \times 0.25 = E\ (\text{수입액을 말함}),$$

또는

$$G \times 0.25 = E$$

Kieran과 Chalouh(1993)는 수업 학습활동에서 학생들을 다음과 같이 지도하여야 한다고 제시하고 있다. "(ㄱ) 상황에 대하여 수적 관계로 생각해 보게 하고, (ㄴ) 간단한 일상 언어를 사용하여 확실하게 논의해 보도록 하여, (ㄷ) 결과적으로 문자와 기호로 분명하게 표현 할 수 있도록 학습시켜야 한다. (181–182쪽)" 학생들은 구체적인 재료의 조작을 통해서 규칙, 배열순서, 함수를 생성시켜 보면서 변수에 대한 아이디어를 계발할 수 있어야 한다. (Haimes, 1996)

1장에서 규칙은 단계적으로 구성된 배열이 전 단계를 기초로 하여 형성된 각 틀, 또는 '단계' 를 포함하면서 확장되었다. 그림 4.3에 있는 규칙 (또는 배열순서)을 고찰해 보라.

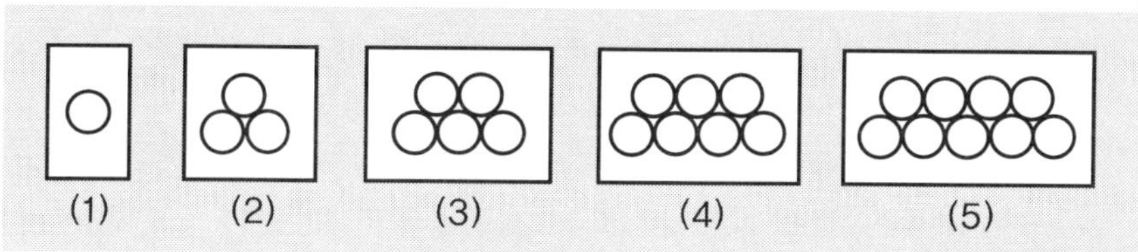

그림 4.3
'증가' 패턴

각 집합의 동그라미 수는 이전의 틀에서 다음 구도로 가면서 '증가' 한다는 것을 주목해야 한다. 학생들은 이어지는 다음 틀이 이전의 틀에 비교하여 볼 때 어떻게 달라지는지, 새로운 틀은 또 어떻게 구성을 할 것인지를 결정할 수 있어야 한다. 2장에서는 규칙을 표현하는데 있어서 도표를 어떻게 활용할 것인가에 대해 강조하고 있다.

이 규칙의 도표는 그림 4.4에서 볼 수 있다. 교사들은 학생들의 규칙 탐구력을 촉진시키기 위해 다음과 같은 질문을 할 수 있다.

그림 4.4
동그라미 성장 규칙 값 도표

틀 번호	동그라미 수
1	1
2	3
3	5
4	7
5	9

- 규칙이란 무엇인가? 열 번째 집합의 동그라미 수는 몇 개가 될까? 스무 번째에는? 백 번째에는?
- 이 규칙에 대한 법칙은 무엇인가? 변수를 이용하여 나타내 보라. (법칙은 $2n-1$. n번째 틀의 규칙을 표현하는 또 다른 방법은 $[(n-1) \times 2] + 1$)이다.

학생들이 규칙을 표현해 봄으로써 규칙 연장의 법칙을 식으로 나타낼 때 변수를 고려해 볼 수 있도록 유도해야 한다. 이 특정한 규칙의 법칙 또는 공식은 틀 순서수와 각 틀 안에 동그라미 수 사이의 함수적인 관계를 정의해 준다.

규칙과 그 관계를 탐구하고 규칙의 법칙을 식으로 나타내기 위해 변수를 사용함으로써 함수에 대한 아이디어를 발전시키고 함수를 활용할 수 있도록 학생들을 유도시킬 수 있어야 한다. 학생들은 초등학교 3-5학년 단계에서 함수를 탐구하고 표현하는 방법에 능숙해져야 한다.

"함수는 수학 자체의 본질을 구체화하는 규칙성과 규칙을 식으로 나타내는 것이다." (NCTM, 1992, 32쪽)

대수적 사고력의 기반은 유치원에서 초등학교 2학년 사이에 시작되어 중학교에서 고등학교에서의 대수 경험까지 계속 연결된다. 본 장에서는 초등학교 3-5학년 학생들이 꼭 다루어야 하는 함수 아이디어에 대한 개관을 간결하게 제시해 보았다. '만일 학생들이 구체적 조작 활동을 통하여 개념을 쌓고 난 후 충분한 시간에 걸쳐 이 구체적인 개념을 점차적으로 추상적인 개념으로 연결 발달시킬 수만 있다면 아직 추상적이기는 하지만 이 중요한 개념, 즉 함수를 모든 어린이들이 이해할 수 있다' 는 사실을 인식하는 것이 이 계발 과정에서 매우 중요하다 (Willoughby 1997, 318쪽).

부록
학습활동지 모음

Navigations Series Grades 3-5

100 수표(1-100)

이름________________

1	2	3	4	5	6	7	8	9	10
11	12	13	14	15	16	17	18	19	20
21	22	23	24	25	26	27	28	29	30
31	32	33	34	35	36	37	38	39	40
41	42	43	44	45	46	47	48	49	50
51	52	53	54	55	56	57	58	59	60
61	62	63	64	65	66	67	68	69	70
71	72	73	74	75	76	77	78	79	80
81	82	83	84	85	86	87	88	89	90
91	92	93	94	95	96	97	98	99	100

100 수표(0-99)

이름______________

0	1	2	3	4	5	6	7	8	9
10	11	12	13	14	15	16	17	18	19
20	21	22	23	24	25	26	27	28	29
30	31	32	33	34	35	36	37	38	39
40	41	42	43	44	45	46	47	48	49
50	51	52	53	54	55	56	57	58	59
60	61	62	63	64	65	66	67	68	69
70	71	72	73	74	75	76	77	78	79
80	81	82	83	84	85	86	87	88	89
90	91	92	93	94	95	96	97	98	99

블록

이름______________

패턴 블록

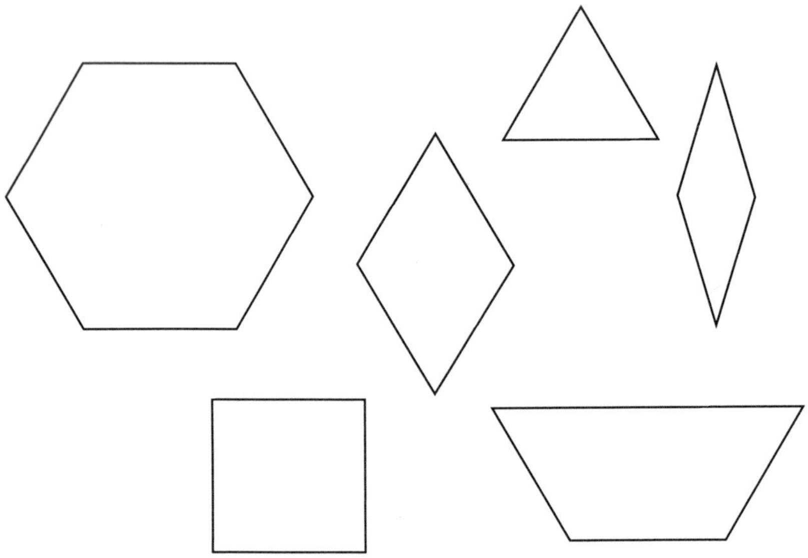

직각이등변삼각형

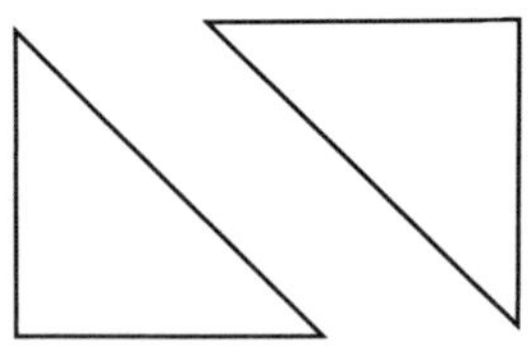

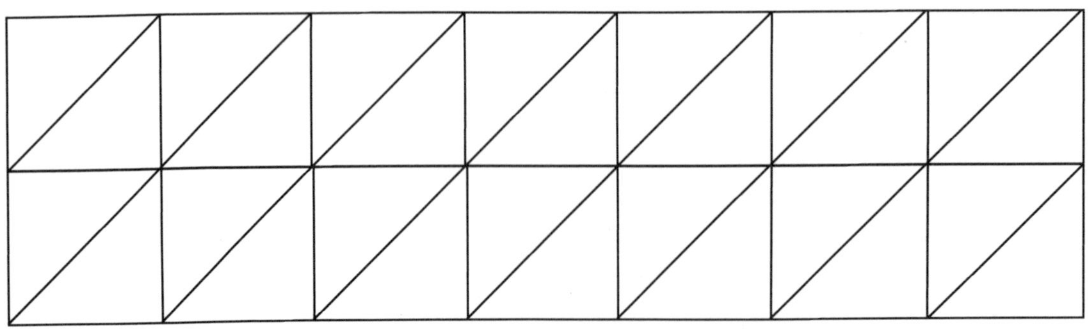

패턴의 증가와 감소

이름 ______________

1. 리카르도 키의 증가표

나이 (년)	키 (센티미터)	성장 (센티미터)
5	92	
6	99	7
7	106	
8	113	
9	120	
10	127	
11	138	
12	149	
13	160	
14	171	
15	175	

질 문

- 여러분이 본 패턴을 설명하시오

____
____
____

- 몇 살 때 증가패턴이 변화하는가? ______________

____
____

- 몇 살 때 리카르도의 키가 가장 많이 달라지는가?

____

가장 천천히 변하는가? ______________

____

- 이것은 사람들이 일반적으로 크는 패턴인가?
여러분이 한 답을 설명하시오.

____
____
____

2. 자동차 여행

주행거리 (km)	남은 연료 (L)
0	14
50	12
100	10
150	8
200	6
250	4
300	2

- 어떤 패턴을 볼 수 있는가?

____
____
____

- 주행한 거리가 증가함에 따라서 남아 있는 연료의 갤런 수를 설명하기 위한 규칙을 써 보시오.

____
____
____

패턴의 증가와 감소(계속)

이름_______________

3. 욕실수조 채우기

시간 (분)	물의 수위 (센티미터)
3	2
6	4
9	6
12	8
15	10
18	12

■ 어떤 패턴을 발견할 수 있는가?

■ 욕실 수조를 얼마나 빠르게 채우는지를 말해 주는 규칙을 써 보시오.

4. 육상 경주

철수의 경주 결과		영희의 경주 결과	
시간 (초)	거리 (미터)	시간 (초)	거리 (미터)
3	4	3	3
6	5	6	7
9	8	9	10
12	9	12	11
15	10	15	13
18	13	18	15
21	14	21	17
24	17	24	19

■ 경기 중 철수의 차가 이동한 거리를 설명하는 이야기의 남은 부분을 써 보시오.
철수의 차는 처음 3초 동안은 4미터를 이동하고, 다음은 _______________

■ 경기 중 영희의 차가 이동한 거리를 설명하는 이야기의 남은 부분을 써 보시오.
영희의 차는 처음 3초 동안은 4미터를 이동하고, 다음은 _______________

■ 이 두 모델 차가 이동한 거리 사이에 다른 점은 무엇인가?

그래프 이야기

이름________________

전체 교실에서 48시간 동안에 수영장의 물의 양을 보여주는 그래프와 각 값을 논의하시오.

수영장을 채우고 비우기

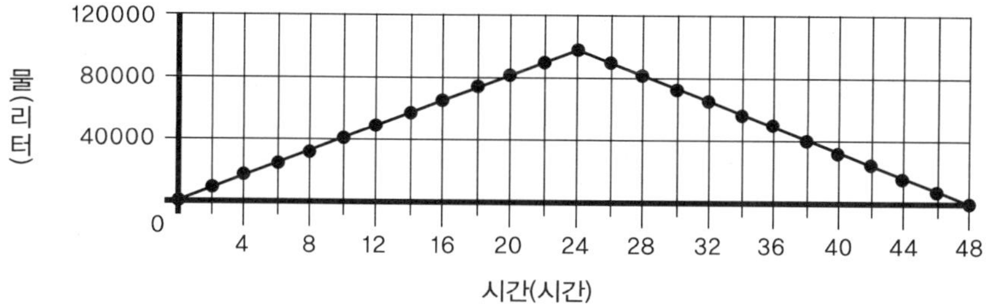

물로 수영장을 채우기	
시간	수영장에 채운 물의 양 (리터)
1	4000
2	8000
3	12000
4	16000
5	20000
6	24000
7	28000
8	32000
9	36000
10	40000
11	44000
12	48000
13	52000
14	56000
15	60000
16	64000
17	68000
18	72000
19	76000
20	80000
21	84000
22	88000
23	92000
24	96000

수영장의 물 빼기	
시간	물을 뺄 때 수영장의 물의 양(리터)
25	________
26	________
27	________
28	________
29	________
30	________
31	________
32	________
33	________
34	________
35	________
36	________
37	________
38	________
39	________
40	________
41	________
42	________
43	________
44	________
45	________
46	________
47	________
48	________

그래프 이야기(계속)

이름______________

각 이야기를 주어진 그래프와 연결시키시오. 한 그래프는 어떤 이야기와도 연결이 되지 않는다.

1. 테크노쿨 클럽은 지역의 공공 해변에서 휴지를 줍는 자원봉사를 하였다. 이 일을 마치는데 필요한 시간은 휴지를 줍는 클럽의 구성원의 수와 관계가 있다.
2. 만의 물의 높이는 파도의 올라가고 내려간다. 물의 높이는 하루의 시간의 경과와 관련이 있다.
3. 수미는 출발선에서 아주 빨리 달리기를 시작한다. 경주의 중간 부분에 수미는 피곤해져서 속도를 줄였으나 다른 주자들과 보조를 맞추기 위해 달리는 속도를 유지해 나간다. 마지막의 결승선을 보았을 때, 수미는 속도를 높여서 결승선을 지난 후 멈추었다.

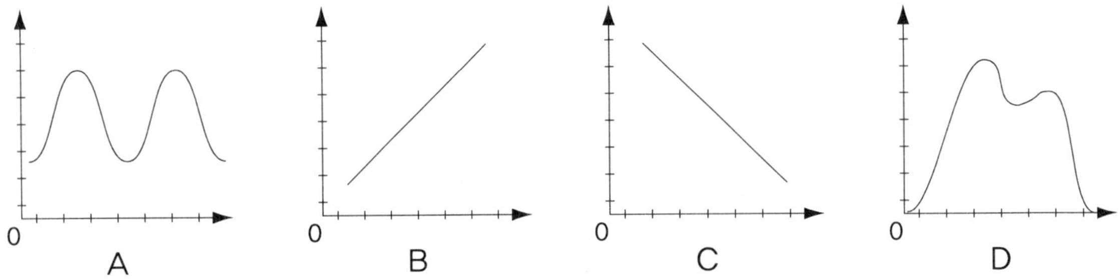

Story 1 그래프 ___와 연결된다.
왜 그것들이 연결될 수 있는지 설명하시오. ______________________________

Story 2 그래프 ___와 연결된다.
왜 그것들이 연결될 수 있는지 설명하시오. ______________________________

Story 3 그래프 ___와 연결된다.
왜 그것들이 연결될 수 있는지 설명하시오. ______________________________

가장 나은 선택은 무엇일까요?

이름_______________

여러분이 일하는 비디오게임 회사의 사장님이 급여를 지불하는 것과 관련하여 두 가지 선택권을 주셨다. 어떤 선택을 해야 1000(천원)을 최대한 빨리 모을 수 있는지를 결정해야 한다. 각각의 상황에 대한 그래프를 그려서 여러분의 선택을 지지할 필요가 있다.

선택 1 : 여러분의 급여는 매일 두 배가 될 것이다. 첫 날에 1(천원), 둘째 날에 2(천원), 셋째 날에 4(천원), 넷째 날에 8(천원) 등의 방법으로 돈을 벌게 될 것이다.

선택 2 : 여러분의 급여는 매일 3(천원)씩 증가할 것이다. 첫날에 3(천원), 둘째 날에 6(천원), 셋째 날에 9(천원), 넷째 날에 12(천원) 등의 방법으로 돈을 벌게 될 것이다.

이 두 가지 방법 중 어떤 방법이 1000(천원)을 더 빨리 모으게 할 수 있는가?

1. 각 계획에 따른 표를 완성하시오.
2. 센티미터 그래프 종이에, 각각의 급여 계획표에 따른 전체 급여를 나타내는 그래프를 그리시오.

선택 1			선택 2		
일	일별 급여 (천원)	전체 급여 (천원)	일	일별 급여 (천원)	전체 급여 (천원)
1	1		1	3	
2	2		2	6	
3	4		3	9	
4	8		4	12	
5	16		5	15	
6			6		
7			7		
8			8		
9			9		
10			10		
11			11		
12			12		
13			13		
14			14		
15			15		
16			16		
17			17		
18			18		
19			19		
20			20		
21			21		
22			22		
23			23		
24			24		
25			25		
26			26		
⋮	⋮	⋮	⋮	⋮	⋮

하루의 어획량

이름______________

여러분은 낚시를 가서 매일 할당된 수만큼의 물고기를 잡아야만 한다. 여러분이 잡을 고기의 종류는 도미, 농어, 참치이다. 낚싯배의 선장은 세 종류의 고기가 각각 몇 마리씩 필요한지 정한 다음 선원들에게 각각의 고기를 얼마나 잡아야 할지 계산하도록 단서를 제공한다. 여러분은 색깔 칩이나 큐브를 사용하여 잡아야 할 물고기를 나타낼 수 있다.

월요일의 어획량

도미 3마리
도미보다 2마리 많은 참치
전체 15마리의 물고기

도미=_____ 참치=_____ 농어=_____

화요일의 어획량

도미 6마리
참치 수는 농어 수의 1/2배
전체 12마리의 물고기

도미=_____ 참치=_____ 농어=_____

수요일의 어획량

도미 3마리
농어보다 4배 많은 참치
전체 23마리의 물고기

도미=_____ 참치=_____ 농어=_____

목요일의 어획량

하루 어획량의 1/4은 도미
하루 어획량의 1/3은 농어
전체 12마리의 물고기

도미=_____ 참치=_____ 농어=_____

금요일의 어획량

참치보다 1마리 적은 도미
도미보다 1마리 적은 농어
전체 6마리의 물고기

도미=_____ 참치=_____ 농어=_____

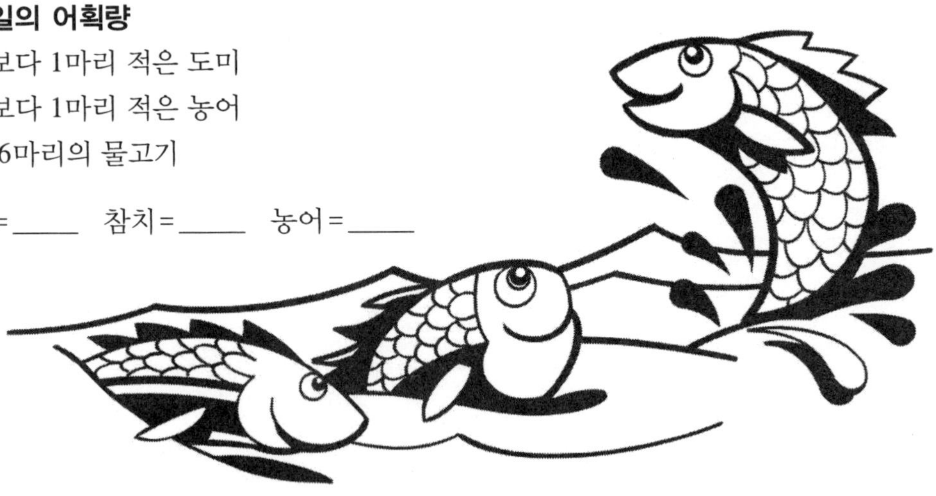

대수저울

이름______________

1. 저울이 균형을 이룰 것인지(방정식), 아니면 기울어질 것인지(부등식) 말하시오. 균형을 이루지 않는다면 어느 쪽으로 기울어질 것인지 쓰시오. 답에 대한 근거를 쓰시오.

답을 설명하시오.

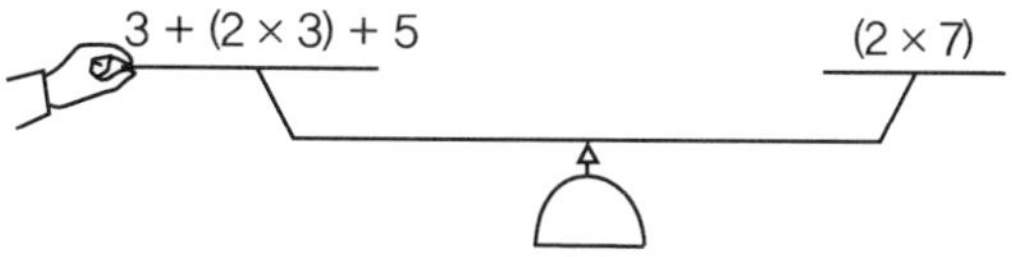

(a)

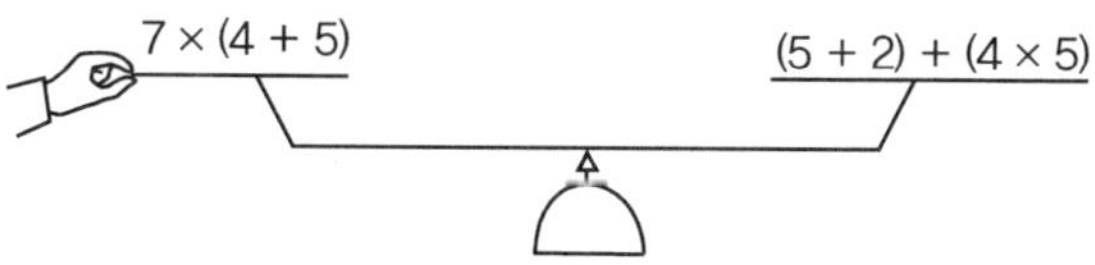

(b)

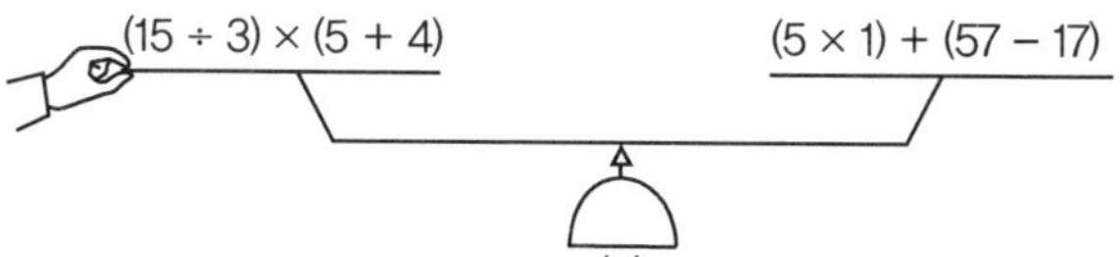

(c)

2. 저울이 균형을 이루도록 각 모양에 알맞은 수를 쓰시오.

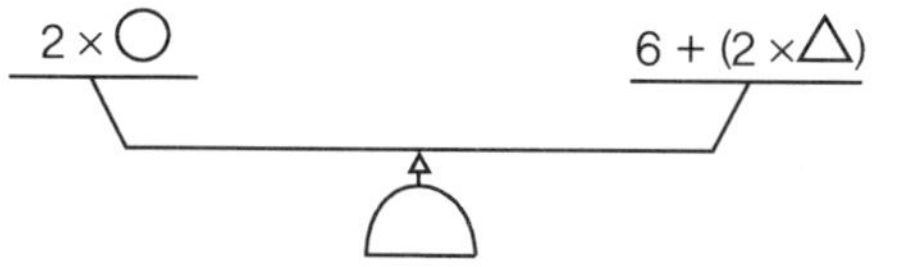

(a)

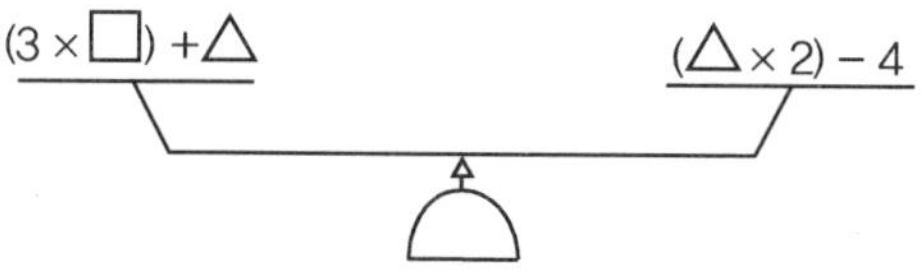

(b)

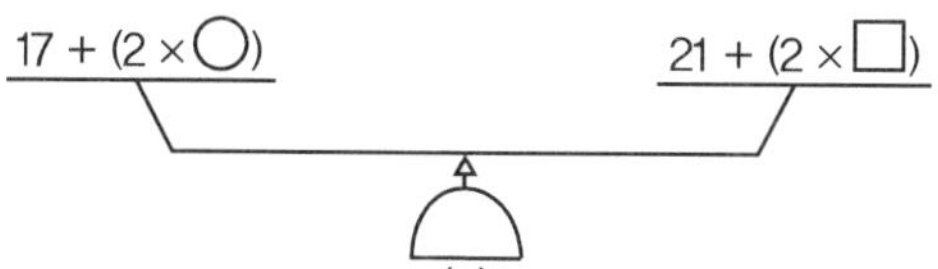

(c)

규칙 찾기

이름____________

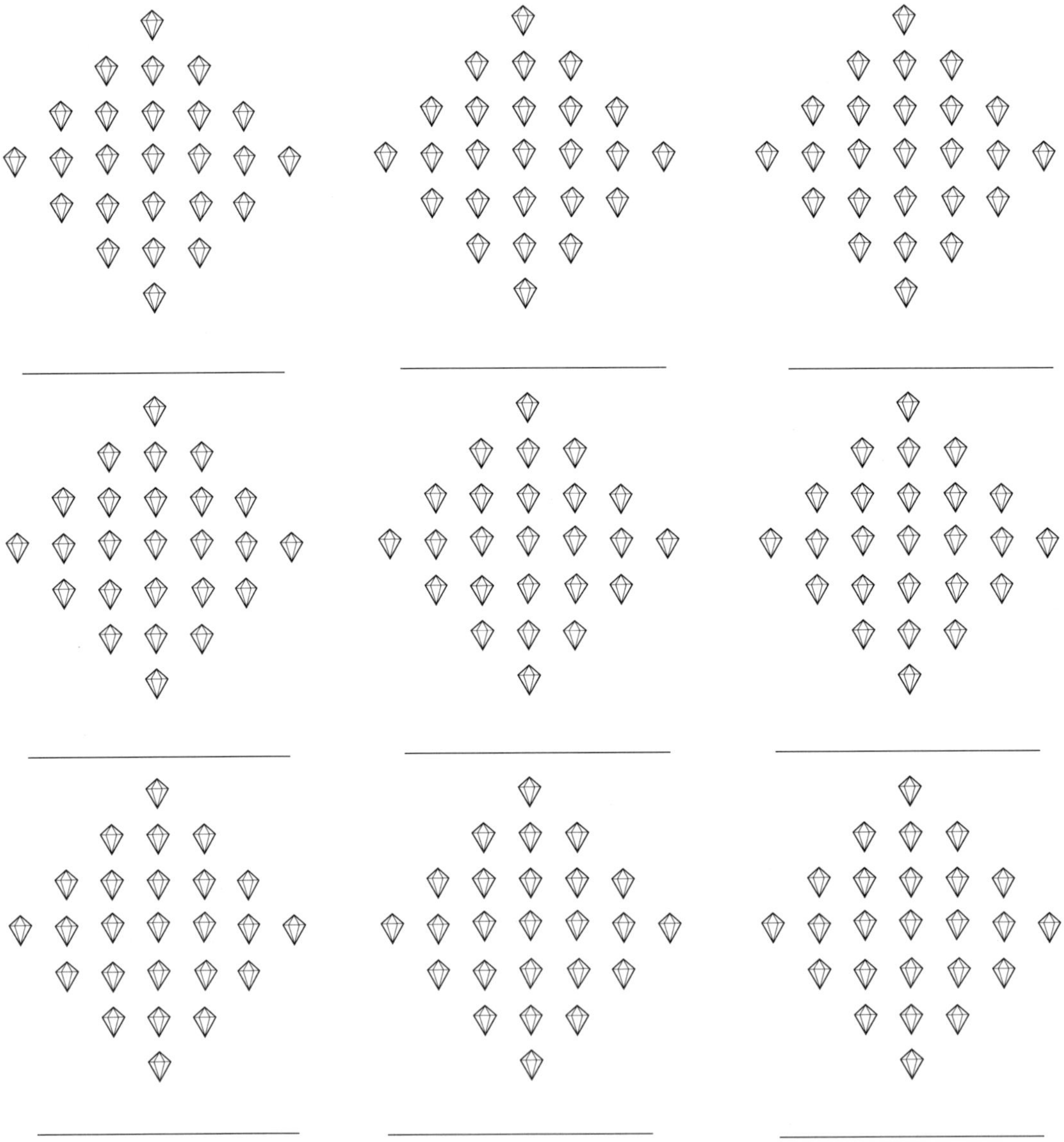

집짓기

이름 ____________

1. 저울이 평형을 이룰 것인지 (방정식) 아니면 기울어질 것인지 (부등식) 말하시오. 균형을 이루지 않는다면 어느 쪽으로 기울어질 것인지 쓰시오. 답이 왜 그렇게 되는지 이유를 쓰시오.
2. 저울이 평형을 이룰 수 있도록 모양 안에 숫자를 쓰시오.

CAP [교환(commutative), 결합(associate), 성질(properties)을 나타내는 약자이다.] 공사에서 일하는 조사관들은 폐허가 된 한 집의 비밀의 방에서 25개의 다이아몬드가 이상하게 배열되어 있는 것을 발견하였다.

1.

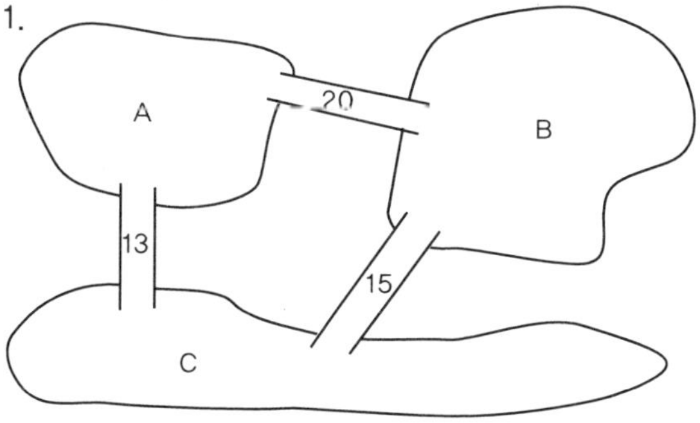

총 집채 수: 24채

2.

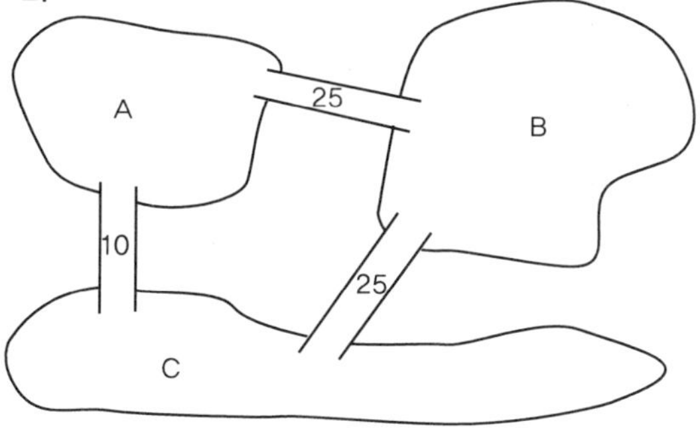

총 집채 수: 30채

3.

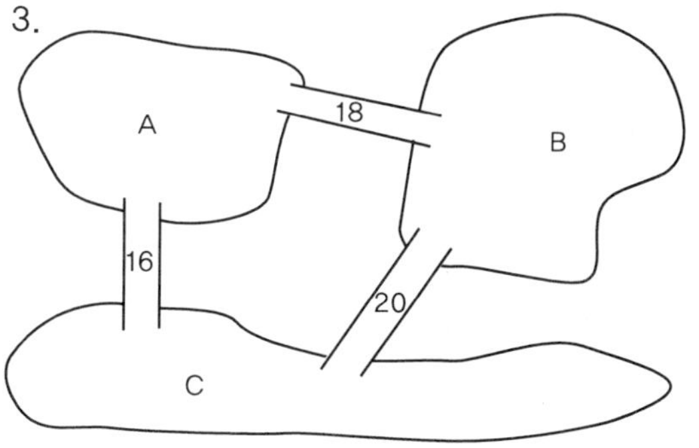

총 집채 수: 27채

등변삼각형 규칙 찾기

이름____________

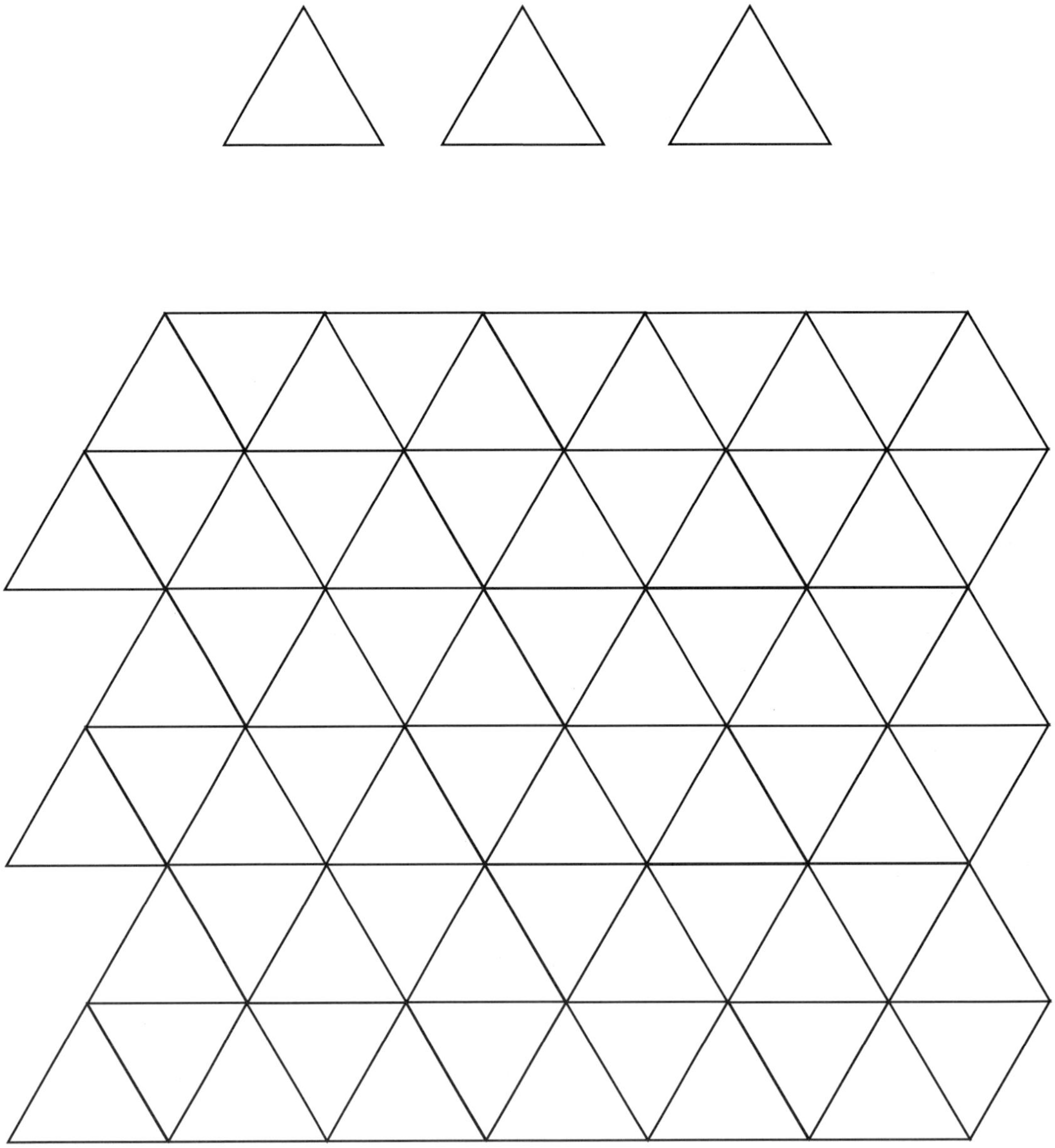

삼각-법칙 기계

이름 ____________

입력
삼각형의 수: ______

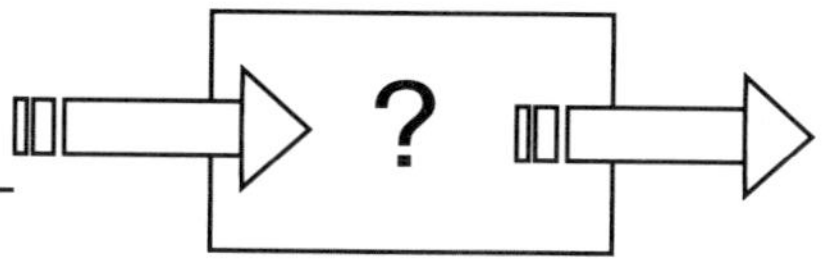

출력
둘레: ______

입력 삼각형의 수	출력 둘레
1	3
2	4
⋮	⋮
30	

법칙은 무엇인가? 숫자와 기호를 사용하여 설명해 보시오. ____________

정사각형과 정육면체의 관계

이름____________

1. 다음의 도표를 완성하시오.

정사각형 둘레		정사각형 면적		정육면체 부피	
변의 길이(cm)	둘레(cm)	변의 길이(cm)	면적(cm^2)	모서리 길이(cm)	부피(cm^3)
1		1		1	
2		2		2	
3		3		3	
4		4		4	
5		5		5	
6		6		6	
7		7		7	
8		8		8	

2. 도표의 결과를 이용하여 다음의 질문에 답하시오.

- 둘레의 조사에서는 어떤 규칙을 볼 수 있나?

____

____

____

- 둘레의 규칙에 대한 법칙을 쓰시오.

____

____

____

- 면적의 조사에서는 어떤 규칙을 볼 수 있나?

____

____

____

정사각형과 정육면체의 관계(앞장에서 계속됨)

이름 ______________

■ 면적 규칙에 대한 법칙을 쓰시오.

■ 부피의 조사에서는 어떤 규칙을 볼 수 있나?

■ 부피 규치에 대한 법칙을 쓰시오.

■ 둘레, 면적, 부피의 규칙들 간에 서로 다른 점은 무엇인지 한 문장으로 설명하여 써 보시오.

정사각형과 정육면체의 관계 그려보기

이름 ______________

'정사각형과 정육면체 관계' 학습활동지에 있는 도표의 값을 사용하여 다음의 그래프를 그려 보시오. 그래프 분류에 알맞은 명칭을 꼭 표기하도록 하시오.

둘레

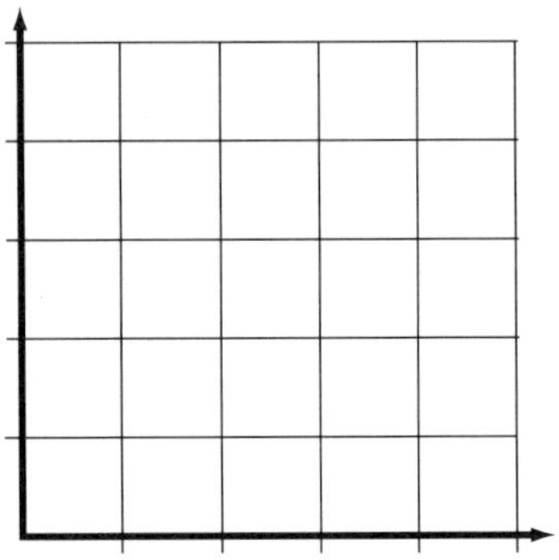

면적

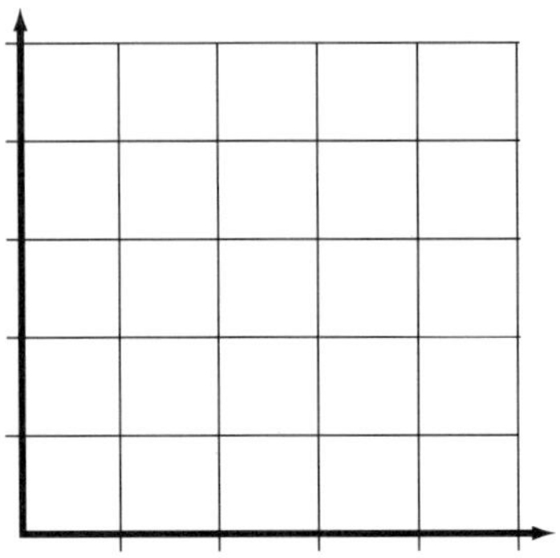

부피

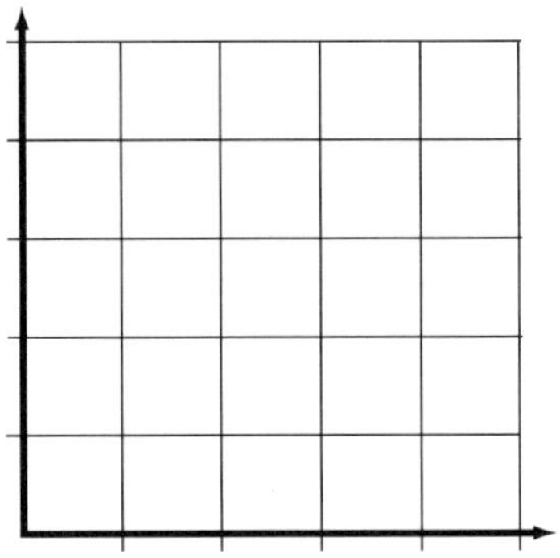

위의 그래프를 그린 후 다음의 질문에 답하시오.

1. 둘레 조사에 대한 그래프 모양을 보고 무엇을 말할 수 있나?

____

____

2. 면적 조사에 대한 그래프 모양을 보고 무엇을 말할 수 있나?

____

____

3. 부피 조사에 대한 그래프 모양을 보고 무엇을 말할 수 있나?

____

____

4. 둘레, 면적, 부피에 대한 그래프들 간에 서로 다른 점은 무엇인지 한 문장으로 설명하여 써 보시오.

____

____

Navigating Through Algebra in Grades 3-5

by Gilbert J. Cuevas, Karol L. Yeatts

내비게이션 시리즈 ✵1

대수와 함께하는 여행 초등 3-5

지은이 미국수학교사협의회
옮긴이 박만구 · 방정숙 · 정인숙
정인철 · 주미경 · 채정림
펴낸이 박문규
펴낸곳 경문사
펴낸날 2008년 9월 1일 1판 1쇄
등 록 1979년 11월 9일 제9-9호
주 소 121-818, 서울특별시 마포구 동교동 184-17
전 화 (02)332-2004 팩스 (02)336-5193
이메일 kms2004@kyungmoon.com

ISBN 978-89-6105-047-0
ISBN 978-89-6105-135-4(세트)

값 10,000원

Navigating Through Algebra in Grades 3-5
by Gilbert J. Cuevas, Karol L. Yeatts

내비게이션 시리즈 ◈1

대수와 함께하는 여행 초등 3-5

지은이 미국수학교사협의회
옮긴이 박만구 · 방정숙 · 정인숙
정인철 · 주미경 · 채정림
펴낸이 박문규
펴낸곳 KM 경문사
펴낸날 2008년 9월 1일 1판 1쇄
등 록 1979년 11월 9일 제9-9호
주 소 121-818, 서울특별시 마포구 동교동 184-17
전 화 (02)332-2004 팩스 (02)336-5193
이메일 kms2004@kyungmoon.com

ISBN 978-89-6105-047-0
ISBN 978-89-6105-135-4(세트)

값 10,000원

★ 경문사 홈페이지에 오시면 즐거운 일이 생깁니다.
http://www.kyungmoon.com